Udit Mamodiya

Conceção e implementação de um controlador para uma máquina de moldagem por injeção

Udit Mamodiya

Conceção e implementação de um controlador para uma máquina de moldagem por injeção

ScienciaScripts

This book is a translation from the original published under ISBN 978-620-2-31819-8.

Publisher:
Sciencia Scripts
is a trademark of
Dodo Books Indian Ocean Ltd. and OmniScriptum S.R.L publishing group

120 High Road, East Finchley, London, N2 9ED, United Kingdom
Str. Armeneasca 28/1, office 1, Chisinau MD-2012, Republic of Moldova, Europe
Printed at: see last page
ISBN: 978-620-8-03210-4

ÍNDICE

RESUMO

A aplicação da lógica Fuzzy que implica os rolos de associação e até mesmo os regulamentos são aplicados, os sinais neurais mais aplicados e as redes que possuem as informações de treinamento na obtenção da equação neural usada para testar dados. Nos anos anteriores, o trabalho é publicado apenas em PID, Fuzzy e duplo Fuzzy. O controlador PID está a ser utilizado para reduzir o ponto de regulação. O controlador PID está a ser utilizado para reduzir o ponto de regulação. Por isso, o controlador PID está a dar um overshoot de 1,5. Com a alteração das regras, obtém-se um melhor ponto de regulação. Depois de aplicar a lógica difusa, o ponto de regulação sobe para 1,0. Depois de alterar as regras da lógica difusa, obtém-se um ponto de regulação mais adequado a partir do precioso ponto de regulação de ultrapassagem l.O. Agora é 0,75. Depois de aplicar o PID, desenhar o modelo para controlar a tolerância da temperatura. À medida que os valores da temperatura sobem a partir dos 7 graus, geram um valor negativo e, à medida que o valor desce a partir dos 4 graus , geram um valor positivo. Trata-se de gerir a tolerância da temperatura da máquina de moldagem por injeção. O sistema é concebido através da utilização do controlador PID.

Vamos aplicar a Rede Neuronal para melhorar o desempenho do tempo de configuração. Depois de aplicar a rede neural, o tempo de configuração será reduzido. Reduziremos de 0,75, que foi o último resultado atualizado e mais recente para o tempo de regulação. Em relação à saída gerada no bloco de sinal neural e mesmo no bloco de lógica difusa, denota-se que a função de transferência é normalmente escolhida principalmente para realizar os aspectos importantes selecionados e para atingir efetivamente o estado necessário em relação à ação de saída transitória. Quando utilizamos o projeto PID fuzzy, o tempo de regulação é reduzido de 300 segundos para 60 segundos, o que significa que o overshoot é reduzido em 0,06.

Capítulo 1

INTRODUÇÃO

Normalmente, a máquina de moldagem por injeção, vulgarmente designada por dispositivo dos produtos de plástico através do processo de moldagem por injeção. É composta principalmente por duas partes básicas, a unidade de injeção e a unidade de fixação.

1.1 A OPERAÇÃO

Normalmente, as máquinas de moldagem por injeção são boas na fixação dos moldes tanto na posição horizontal como na vertical. Na verdade, a maioria das máquinas são registadas para serem alinhadas horizontalmente, enquanto as máquinas verticais são aplicadas nos diferentes nichos de utilização, como a moldagem por inserção, permitindo que a máquina ocupe maioritariamente a vantagem da gravidade. Foi denotado que máquinas verticais específicas não precisam de molde para serem fixadas. Na verdade, são concebidos vários métodos para permitir a ação das ferramentas dentro das placas, sendo os mais comuns os grampos manuais, que existem em ambas as metades e são aparafusados dentro das placas; enquanto os grampos hidráulicos, a aplicação dos calços é importante para manter basicamente a ferramenta num único local e os grampos magnéticos também são aplicados. Normalmente, os grampos magnéticos e hidráulicos são aplicados em ocasiões em que são necessárias mudanças rápidas de ferramentas.

Na verdade, os projectistas do molde decidem selecionar se o molde aplica o sistema de canal frio ou o sistema de canal quente para transportar o plástico do interior da unidade de injeção para o interior das cavidades existentes. A canalização a frio é maioritariamente considerada como um simples canal esculpido no interior do molde. Normalmente, o plástico que ocupa a câmara fria arrefece imediatamente à medida que a peça arrefece, o que permite que seja ejectado com a peça, principalmente como abeto. O sistema de canais quentes é muito complicado; utiliza os aquecedores de cartucho principalmente para manter o plástico nos canais quente à medida que a peça arrefece. Enquanto a peça é ejectada, o plástico que permanece no canal quente é injetado na peça seguinte.

1.2 MODELOS DOS DISPOSITIVOS DE MOLDAGEM POR INJECÇÃO

Normalmente, as máquinas são classificadas principalmente pelo tipo de sistemas de acionamento que aplicam, ou seja, o sistema de fluidos orientado para a máquina e os dispositivos de potência.

1.2.1 O HIDRÁULICO

As prensas hidráulicas estiveram durante muito tempo ao serviço dos moldadores até à introdução da máquina de moldagem por injeção totalmente eléctrica.

As máquinas hidráulicas não são consideradas muito perfeitas, mas são o tipo mais comummente aplicado em muitas partes do mundo.

1.2.2 O MECÂNICO

Estes tipos de máquinas são normalmente conhecidos pela aplicação do sistema de alternância para o processo de acumulação de tonelagem no lado da pinça da presente máquina. A tonelagem é muito importante em qualquer máquina, pois permite que o lado da pinça da máquina não se abra devido à pressão de injeção. Nas ocasiões em que a metade da ferramenta se abre, os resultados geram o flash no produto plástico existente. Normalmente, a dependência do tipo de máquinas mecânicas baseia-se apenas na tonelagem atual gerada num determinado período do ciclo existente.

1.2.3 O ELÉCTRICO

O outro nome aplicável à prensa eléctrica é a Tecnologia de Máquinas Eléctricas (EMT), que normalmente reduz os custos de operação e isto é feito através da redução do consumo de energia e das relações das questões ambientais relacionadas com a área de habitação dentro da prensa hidráulica. As prensas eléctricas actuais têm méritos como a facilidade de operação e, ao mesmo tempo, as suas operações são muito mais rápidas e têm uma precisão muito maior, enquanto as máquinas são muito caras para comprar.

As máquinas de moldagem por injeção híbridas tendem a possuir os méritos das melhores caraterísticas apresentadas dos sistemas hidráulicos e eléctricos, embora apliquem uma dissipação de energia quase semelhante à da eletricidade para atuar da forma exigida pelo sistema hidráulico padrão,

Normalmente o braço robótico é aplicado na remoção dos componentes moldados; e isto pode ser feito através da entrada lateral ou superior, entretanto é muito contínuo que as peças caiam basicamente para fora do molde existente, mesmo através da calha e presentes no contentor.

A Moldagem por Injeção é o processo de produção para geração de peças através da injeção de material no molde. A moldagem por injeção pode ser feita com a aplicação de uma série de materiais, como os metais, os vidros, os elastómeros, as confecções e, por fim, os polímeros termoplásticos e termoendurecíveis. Normalmente, o material aplicado no fabrico das peças é introduzido no cilindro aquecido, depois combinado e introduzido na cavidade do molde, sendo este o local onde arrefece e depois é convertido para endurecer dentro da configuração da cavidade. Nas ocasiões em que o produto é feito através do designer industrial, os moldes são desenhados pelo fabricante de moldes a partir do metal, normalmente pode ser aço ou alumínio, e até mesmo a precisão usinada para compor as caraterísticas da peça necessária. A moldagem por injeção é aplicada na produção de diferentes peças, desde os componentes mais pequenos até aos painéis de carroçaria completos dos automóveis. A melhoria da tecnologia de impressão 3D, a aplicação dos fotopolímeros, que têm a particularidade de não se alterarem durante a moldagem por injeção de termoplásticos específicos de temperatura reduzida, é maioritariamente aplicada nos moldes de injeção simples.

Normalmente, as peças a moldar por injeção devem ser fabricadas de forma a permitir o processo de moldagem; mesmo o material específico aplicado à peça, normalmente a forma requerida e as caraterísticas da peça, o material do molde e as caraterísticas da máquina de moldagem devem ser mantidos constantes. Normalmente, o aspeto presente na moldagem por injeção é realmente estimulado através da amplitude dos aspectos do design e do aplicável.

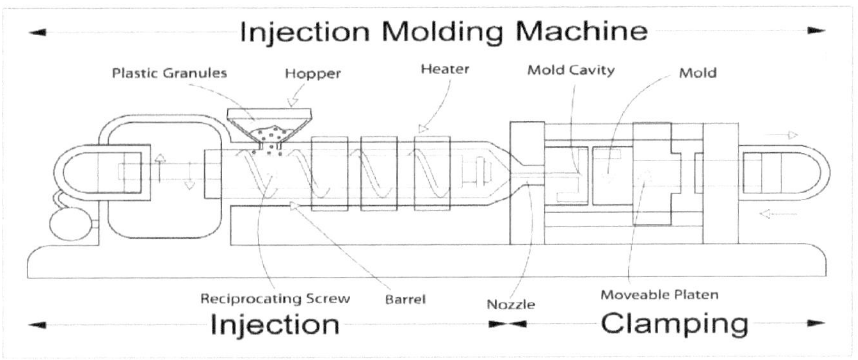

Figura 1.1: Máquina de moldagem por injeção

1.2.4 AS APLICAÇÕES

Normalmente, a moldagem por injeção é aplicada para gerar coisas diferentes, como as bobinas de arame, as embalagens, as tampas de garrafas, os tabliers dos automóveis, os Game boys, os pentes de bolso, diferentes instrumentos musicais (e partes deles), as cadeiras de uma só peça e, por fim, as mesas pequenas, os recipientes de armazenamento, as peças mecânicas como as engrenagens e alguns outros produtos de plástico presentes hoje em dia. A moldagem por injeção é o método moderno altamente aplicado na produção de peças; normalmente é considerado muito adequado nas gerações de volumes maiores para o mesmo objeto semelhante.

1.2.5 AS CARACTERÍSTICAS DO PROCESSO

A moldagem por injeção aplica um êmbolo do tipo êmbolo e mesmo do tipo parafuso para forçar o material plástico fundido para dentro da cavidade do molde; na verdade, o resultado disto é a formação sólida na forma que se assume como contorno do molde existente. Normalmente é aplicado para gerar os polímeros termoplásticos e termoendurecíveis, e é dada prioridade ao aspeto inicial em relação aos volumes anuais de material gerado. Normalmente os Termoplásticos são muito prevalecentes no aspeto em resultado das caraterísticas que lhes conferem a melhor qualidade no que diz respeito à moldagem por injeção, como a facilidade com que existe o processo de reciclagem, na verdade o aspeto requerido dá a oportunidade de ser aplicado num aspeto muito amplo e numa área muito grande. Assim, determinará o aspeto de se tornarem macios, o que os faz fluir conforme necessário. Os termoplásticos também possuem o elemento que aumenta a segurança em relação aos conjuntos térmicos; regista-se que, em ocasiões de má ejeção do polímero termoendurecível do cilindro de injeção no momento certo, o resultado é a ligação química cruzada e este aspeto faz com que o parafuso e as válvulas de retenção se soltem, o que aumenta a destruição da máquina de moldagem por injeção.

A moldagem por injeção consiste na injeção a uma pressão muito elevada da matéria-prima existente no molde, adequada às formas do polímero. Normalmente, os moldes têm uma cavidade única e específica e até mesmo muitas cavidades. Enquanto nos moldes de cavidades múltiplas, regista-se que cada cavidade se torna semelhante e produz peças semelhantes ou, por vezes, tornam-se totalmente diferentes e geram as várias geometrias num único ciclo. Os moldes são gerados a partir dos aços, e têm de ser aços inoxidáveis, sendo os moldes de alumínio altamente recomendados para algumas utilizações específicas. Os moldes de alumínio, maioritariamente de outlook, não são recomendados para o aumento do volume de produção e mesmo para as peças que possuam o aspeto dimensional reduzido resgatado, uma vez que possuem caraterísticas mecânicas inferiores e estão associados a desgaste, danos, e mesmo quando a alteração no processo de injeção e nos ciclos de aperto; os méritos são que requerem muito capital nas utilizações de volume reduzido, uma vez que os custos de fabrico do molde e mesmo a duração do tempo são altamente reduzidos. Vários moldes de aço são feitos apenas para processar bem em relação às diferentes partes no aspeto da vida útil necessária e são propensos a despesas para realmente fabricar.

Nas ocasiões da moldagem dos termoplásticos é registado que a matéria-prima necessária é inserida usando o funil no barril aquecido através da aplicação do parafuso alternativo. Depois de ter entrado no barril, verifica-se que a energia térmica se torna elevada e verifica-se um aspeto oposto em que as forças de Vander Waals responsáveis pela repulsão em relação ao fluxo de cadeias individuais se tornam muito frouxas devido ao elevado espaço existente entre as moléculas nos estados de energia térmica aumentada. Na verdade, o processo diminui a viscosidade, o que permite que o polímero esteja realmente no estado cinético em relação à unidade de injeção. Normalmente, o parafuso avança a matéria-prima existente e mistura-a para a homogeneizar, enquanto a geração térmica e viscosa do polímero existente diminui o tempo de aquecimento necessário através do cisalhamento mecânico, o que torna o material e o valor extra importante do aquecimento por fricção sugerido para o polímero presente. Na verdade, o material gravado avança seguindo a válvula de retenção e a amostra é recolhida dentro do parafuso num volume chamado "shot". O volume de recolha é expresso como o volume do material que é aplicado principalmente para ocupar a cavidade do molde, mesmo para compensar o encolhimento, e para dar a almofada para gerar pressão a partir do parafuso existente e para a cavidade do molde. Nas ocasiões em que o material adequado foi recolhido em conjunto, regista-se que o material é extraído através do aumento da pressão e mesmo da velocidade para os componentes da cavidade. Eliminando os picos presentes na pressão, é evidente que o procedimento aplica a posição de transferência em relação à cavidade completa e aqui é evidente que o parafuso se move de uma velocidade especificada para uma regulação de pressão não variável. Normalmente, os tempos de injeção são perfeitamente executados num único segundo. Depois de o parafuso atingir a posição de transferência, é indicado que a pressão de enchimento é utilizada. E isto dá o resultado final do enchimento do molde e o catering para os termoplásticos em comparação com os outros materiais. Normalmente, a pressão de enchimento é utilizada até ao ponto em que o portão se torna sólido. Como resultado do tamanho reduzido, regista-se que o portão é o local inicial para se tornar sólido com toda a espessura. Após a solidificação da comporta, denota-se que nenhum material entra na cavidade; após este aspeto, o parafuso muda de estado e obtém o material a ser aplicado no ciclo seguinte e o material existente no molde reduz a sua temperatura, o que faz com que seja ejectado e fique num estado muito estável. O tempo de arrefecimento é efetivamente reduzido através da aplicação das linhas de arrefecimento que fazem circular a água e mesmo o óleo no interior do termolador. Após ter sido atingida a temperatura necessária, verifica-se que o molde se abre e com um conjunto de pinos, mangas, decapantes, que são levados para a frente de modo a desmoldar o artigo existente. Regista-se que o molde existente faz um fecho final e o procedimento é repetido.

Em relação às garrafas térmicas, é evidente que dois constituintes químicos variáveis são injectados no barril atual. Diz-se que os constituintes iniciam as reacções químicas inalteráveis e, mais tarde, ligam o material existente de forma cruzada, formando um sinal de ligação das moléculas. Durante o tempo da reação química, regista-se que os dois componentes fluidos se transformam permanentemente no sólido viscoelástico. Atualmente, a solidificação no cilindro de injeção existente e no parafuso está associada a alguns aspectos técnicos e o capital necessário é demasiado elevado, o que resulta numa baixa cura do termoendurecimento em associação com o cilindro. Na verdade, isto indica que o tempo de residência e a temperatura dentro dos precursores químicos são desencorajados em relação à unidade de injeção. De facto, para diminuir o tempo de residência é necessário diminuir a capacidade de volume do cilindro e também aumentar os tempos de ciclo. Em relação a isto, foi denotado que a aplicação do termicamente isolado, a unidade de injeção a frio que basicamente é boa na injeção dos produtos químicos reagentes no molde quente termicamente isolado, está associada a uma elevada taxa de reacções químicas e dá um tempo reduzido necessário para aumentar os constituintes térmicos solidificados. Quando a peça se torna sólida, as válvulas fecham-se principalmente para separar o sistema de injeção e os precursores químicos, e o molde abre-se apenas para ejetar as peças moldadas existentes. Na realidade, o molde fecha-se, o que faz com que o processo se repita.

Os componentes iniciais pré-moldados e maquinados são sempre colocados na cavidade existente e o molde é mantido aberto, aumentando o material dentro do injetado no ciclo seguinte para realmente gerar e formar o sólido em torno deles. Atualmente, o processo é designado por moldagem por inserção e, na sua maioria, permite que uma peça possua vários materiais. A aplicação deste processo é principalmente para gerar as peças de plástico através da saliência rápida mas numa ordem. O método é aplicado para a rotulagem no molde e até as tampas de película estão relacionadas com os recipientes de plástico moldados.

Normalmente, a linha de partição, a propagação, as marcas de porta e as marcas de pino ejetor estão disponíveis na última peça. Nenhuma caraterística é muito recomendada, mas não pode ser evitada devido à natureza do processo atual. Normalmente, as marcas do portão são registadas no portão que une os canais de entrega da fusão e a parte que forma a cavidade. As marcas da linha de separação e do pino ejetor são geradas devido às pequenas peças seguintes em comparação com o movimento e à variação dimensional das superfícies de contacto existentes na superfície com o polímero injetado. As variações de medida são categorizadas e caracterizadas como não uniformes, a deformação induzida pela pressão no processo de injeção, mesmo as tolerâncias de maquinação e, por último, a expansão térmica não uniforme e a contração dos constituintes do molde que se deparam com o ciclo contínuo durante o processo de injeção, o processo de embalagem, o processo de arrefecimento e as fases de ejeção do processo existente. Os componentes do molde são constituídos por materiais que possuem diferentes coeficientes de expansão térmica. Na verdade, os factores determinantes não serão tidos em consideração simultaneamente, devido à ausência de alterações astronómicas nos custos de conceção, fabrico, produção e controlo de qualidade. Normalmente, o molde hábil exigido e até mesmo a peça de secção feita posicionarão os aspectos estéticos nas áreas não visíveis.

1.3 HISTÓRIA

Como resultado de estudos, Johns Jacob Berzelius gerou o polímero de condensação inicial, o poliéster, a partir da glicerina (propanetriol) e do ácido tartárico. Nos estudos de Berzelius é evidente que ele inventou os termos químicos como a catálise, o polímero, o isómero e o alótropo, mas existe uma variação nos seus significados em comparação com as definições recentes. Segundo ele, o polímero era o composto orgânico que possuía fórmulas empíricas semelhantes, mas com peso molecular geral variável, e os compostos aumentados eram chamados de polímeros em relação aos reduzidos. Em relação a este aspeto, é evidente que a glucose ($C_6H_{12}O_6$) é o polímero exato do formaldeído (CH_2O).

Na verdade, o primeiro plástico comercial feito pelo homem foi introduzido pelo cientista Alexander Parks. O material foi claramente apresentado por ocasião da exposição internacional realizada em Londres, recebeu o seu nome e foi relacionado com a celulose. Na verdade, o plástico de Parke podia ser aquecido, moldado e manter a forma durante o processo de arrefecimento. As desvantagens são o facto de a sua produção não ser acessível e de estar associado a avarias e ser propenso ao fogo.

Devido ao progresso, uma outra pessoa chamada John Wesley Hyatt inventou o material plástico e chamou-o para lhe dar a forma final. Em conjunto com Isaías, criaram a primeira máquina de moldagem por injeção. A máquina era muito simples de operar em relação às outras máquinas existentes hoje em dia: a aplicação comportava-se como uma agulha hipodérmica, aplicando o êmbolo para injetar o plástico seguindo o cilindro aquecido para dentro do molde. Atualmente, surgia a geração dos colarinhos, dos botões e dos pentes de cabelo.

Devido à Segunda Guerra Mundial, verificou-se uma grande expansão do sector e, consequentemente, uma grande procura de produtos baratos e produzidos em massa. Com as mudanças, James Watson Hendry construiu a primeira máquina de injeção de parafuso, o que melhorou o funcionamento em comparação com a velocidade da injeção e até mesmo a qualidade dos artigos gerados. Normalmente, a máquina é considerada como o material permitido a ser utilizado em conjunto quando a injeção não foi efectuada, o que permite que o plástico colorido e reciclado seja transformado no material não utilizado e combinado adequadamente antes de ser injetado. Atualmente, as máquinas de injeção de parafuso são classificadas como a grande maioria das máquinas de injeção. De acordo com Hendry, o primeiro processo de moldagem por injeção assistida por gás permitiu a criação de artigos complexos e ocos que arrefeciam muito rapidamente. De facto, este aspeto transformará a produção e até mesmo a resistência e o acabamento das peças geradas e reduzirá o tempo de produção, o custo, o peso e, por último, os resíduos.

Normalmente, a indústria de moldagem por injeção de plástico existe há muito tempo e é conhecida por gerar pentes e botões para gerar uma grande variedade de produtos para várias indústrias, como a automóvel, a médica, a aeroespacial, os produtos de consumo, os brinquedos, a canalização, a embalagem e a construção.

1.4 CATEGORIAS DE POLÍMEROS ADAPTADOS E CONFORTÁVEIS PARA O PROCESSO

É evidente que muitos polímeros, também designados por resinas, podem ser aplicados, como os termoplásticos, os termofixos e os elastómeros. Tem havido uma elevada taxa de aumento dos materiais aplicáveis à moldagem por injeção e uma estimativa aproximada de 18 000 materiais foram os primeiros a ser aplicados no processo. Normalmente, os materiais actuais são ligas e misturas de materiais gerados anteriormente, pelo que os designers de produtos podem selecionar o material com caraterísticas confortáveis e adequadas a partir de uma vasta coleção. Os principais métodos aplicados na seleção do material dependem da resistência e da função necessárias para a última peça, e também do custo existente, embora cada processo de material tenha várias medidas para a moldagem que tem de ser prioritária. Os polímeros comuns, incluindo o epóxi e o fenol, constituem os plásticos termoendurecíveis e o nylon, o polietileno e o poliestireno constituem os termoplásticos. Com a continuação dos estudos, as molas de plástico não podiam ser fabricadas e, devido à melhoria das caraterísticas dos polímeros, tornaram-se possíveis. As utilizações são fivelas para suportar e desligar as correias presentes nos equipamentos de exterior.

1.5 EQUIPAMENTO

O molde do clipe de papel aberto na máquina de moldagem; é evidente que o bocal é visto à direita As máquinas de moldagem por injeção são compostas pelo depósito de material, o êmbolo de injeção ou o êmbolo de rosca e a unidade de aquecimento. As prensas, vulgarmente designadas por prensas, seguram de facto os moldes até um ponto em que os componentes são moldados. Normalmente, as prensas são classificadas através da tonelagem, o que dá a quantidade de força de aperto que a máquina pode aplicar. Normalmente, a força faz com que o molde se feche por ocasião do processo de injeção. Atualmente a Tonelagem passa das 5 toneladas para mais de 9.000 toneladas, e através da aplicação dos valores acrescidos aplicados em função das operações de produção. Para obter a força de aperto total requerida é muito necessário que se dê prioridade à área projectada dentro da peça a moldar. Para progredir é necessário que se multiplique a área projectada e a força do grampo para as unidades especificadas das áreas projectadas. Nas ocasiões em que o material plástico se torna demasiado rígido, será necessária uma pressão de injeção adicional para ocupar efetivamente o molde, o que implica uma tonelagem adicional de pinças para manter o molde fechado. Atualmente, pode ser aplicada uma outra técnica em que o material aplicado e o tamanho da peça, em que as peças maiores necessitam de maior força de fixação. Esta é uma ferramenta utilizada na produção de sacos de plástico e é por vezes designada por matriz no processo de moldagem.

Figura1.2:- Equipamento

Devido ao facto de o fabrico de moldes ser dispendioso, inicialmente, estes eram aplicados na produção em massa, onde ocorria a produção de várias peças. Os moldes únicos são construídos a partir de aço endurecido. Aço pré-endurecido, alumínio e/ou liga de berílio-cobre. A prioridade do material a partir do qual se constrói um molde é sobretudo económica e, por conseguinte, a construção de moldes de aço é geralmente mais cara. A vantagem é a sua vida útil mais longa, que compensa o custo inicial mais elevado com um maior número de peças fabricadas antes do desgaste. Os moldes de aço pré-endurecidos são menos resistentes ao desgaste e aplicam-se a requisitos de menor volume ou à utilização de componentes maiores. Têm um tipo único de dureza que é cerca de 38-45 na escala Rockwell-C. Os moldes de aço endurecido são tratados termicamente após o processo de maquinagem; são de longe superiores quando se considera a resistência ao desgaste e a vida útil. A dureza típica situa-se entre 50 e 60 Rockwell-C (HRC) quando medida com precisão. O custo dos moldes de alumínio é substancialmente mais baixo, pelo que, quando concebidos e maquinados utilizando equipamento informático moderno, podem ser económicos para moldar dezenas ou mesmo centenas de milhares de peças necessárias. As áreas do molde que requerem uma remoção rápida do calor ou as áreas que recebem mais calor de corte utilizam cobre-berílio. Os processos de maquinação CNC ou de maquinação por descarga eléctrica são aplicados no fabrico de moldes.

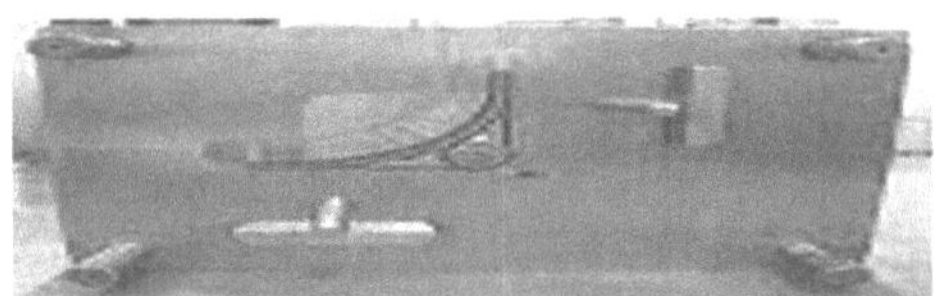

Figura 1.3: - O lado "A" da matriz para o acetal com 25% de enchimento de vidro com 2 puxadores laterais em utilização

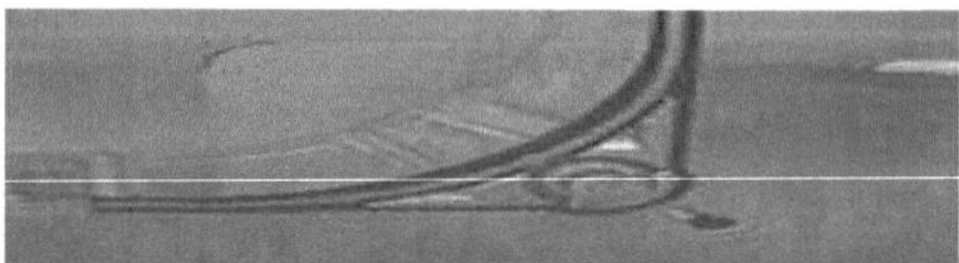

Figura 1.4:- Vista de perto da inserção amovível no lado "A

Figura 1.5:- O lado "B" do molde com os actuadores de tração lateral em uso.

Figura1.6:- Um inserto que é retirado da matriz.

Figura 1.7:-Um projeto de molde que não está a ser utilizado.

Duas ferramentas de placas padrão - o núcleo e a cavidade são inseridos numa base de molde - incluindo "molde de família" de diferentes peças que são cinco.

Este molde é constituído por dois componentes principais que são o molde de injeção (placa A) e também o molde ejetor (placa B). As duas placas de molde acima referidas são também designadas por moldador e fabricante de moldes, respetivamente. A resina plástica entra no molde através de um tubo ou portão no interior do molde de injeção e o casquilho do tubo veda firmemente contra o bocal do cilindro de injeção da máquina de moldagem, de modo a permitir o fluxo do plástico fundido para o molde a partir do cilindro, sendo cavidade outro nome que se refere a este processo. O casquilho de injeção também direciona o plástico derretido para as imagens dentro da cavidade através de canais que são maquinados nas faces das placas A e B apenas. Isto deve-se ao facto de estes canais permitirem que o plástico passe através deles, pelo que são designados por canais. Este plástico fundido flui no canal e entra num ou mais portões especializados e dentro da geometria da área da cavidade à medida que a peça desejada está a ser formada.

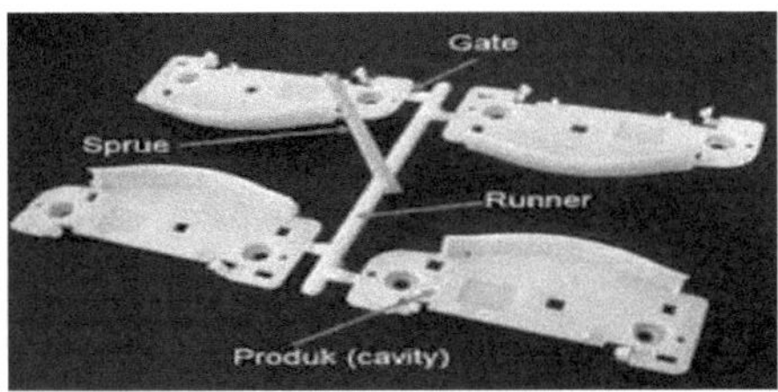

Figura 1.8: O canal de entrada, o canal de saída e as portas no produto de moldagem por injeção real.

A quantidade de resina necessária para encher o jito, o canal e também as cavidades de um molde envolve uma "injeção". O ar preso dentro do molde pode escapar através de aberturas de ar que são moídas na linha de separação dos moldes. Isto ocorre também à volta dos pinos ejectores e das corrediças que são mais pequenas do que onde foram retidas. Caso não ocorra a saída do ar retido, a pressão do material que entra comprime-o e espreme-o para os cantos da cavidade. Aqui, impede o enchimento e a ocorrência de outros defeitos também é possível. Quando demasiado comprimido, o ar pode incendiar-se e queimar o material plástico circundante, causando estragos.

Para facilitar a remoção da peça moldada do próprio molde, estas caraterísticas do molde não devem ficar salientes umas das outras na direção da abertura do molde, a não ser que a designação das peças do molde permita que estas se movam entre tais saliências no caso de o molde se abrir através da utilização de componentes de elevação.

Os lados da peça que aparecem paralelamente à direção de tração, isto é, o eixo da posição do núcleo, também conhecido como furo ou quando a inserção é paralela ao movimento para cima e para baixo do molde sempre que este abre e fecha, são também tipicamente ligeiramente inclinados, designados por tiragem, de modo a facilitar parte da libertação do molde. Além disso, uma tiragem insuficiente provoca deformações ou mesmo danos em alguns casos. Por conseguinte, a tiragem necessária para a libertação do molde depende principalmente da profundidade das cavidades. Quanto maior for a necessidade de tiragem, mais profunda será a cavidade. No caso de a pele ser demasiado fina, a peça moldada tenderá a encolher para os núcleos que se encontram no processo de formação durante o arrefecimento e a agarrar-se a esses núcleos (e) ou poderá ocorrer a deformação da peça, a torção, uma bolha ou mesmo uma fissura quando se retira da cavidade.

A designação de um molde é normalmente tal que a peça moldada permanece no lado do ejetor (B) do molde de forma fiável sempre que este se abre; por conseguinte, extrai o canal e também o jito do lado (A) juntamente com as peças. Por conseguinte, quando ejectada do lado (B), a peça cai livremente. As portas de túnel, também conhecidas como portas de molde ou portas submarinas, também estão localizadas abaixo da linha de separação, também conhecida como superfície do molde. Aqui, uma outra abertura é maquinada na superfície do molde que se encontra em torno da linha de separação e também é utilizada. Este molde corta assim a peça em movimento do sistema de canais quando ejectada do próprio molde. Os pinos de ejeção são pinos circulares colocados no sistema de canais do molde ou na metade do molde.

O método de arrefecimento mais proposto é a passagem de um líquido de arrefecimento (normalmente água) através de uma série de orifícios perfurados nas placas do molde e ligados por mangueiras para formar um percurso contínuo. O calor é absorvido do molde pelo líquido de arrefecimento. Assim, mantém o molde a uma temperatura perfeita, solidificando o plástico a um ritmo mais eficiente.

Para facilitar a manutenção e a ventilação, as cavidades e os núcleos são divididos em peças. Estas peças são designadas por inserções, enquanto algumas são subconjuntos, também designados por inserções, ou blocos, ou mesmo blocos de perseguição. Por conseguinte, a utilização de inserções é intercambiável. Podem ser obtidas diversas variações da mesma peça num único molde.

Através de moldes altamente complexos são formadas peças mais complexas. Aqui podem existir secções designadas por corrediças, que se deslocam para uma cavidade perpendicular à direção de tração, formando assim peças salientes. No caso de o molde ser aberto, através da utilização de pinos angulares fixos, as corrediças são afastadas. As lâminas movem-se para trás quando estes pinos entram numa ranhura nas lâminas. Assim, ocorre a ejeção da peça e o fecho do molde. As corrediças deslocam-se para a frente ao longo dos pinos angulares quando ocorre a ação de fecho dos pinos.

Alguns moldes permitem a reinserção de peças previamente moldadas, de modo a permitir a formação de uma nova camada de plástico à volta da primeira peça, daí o processo de sobremoldagem. A produção de pneus e rodas de uma só peça é um produto deste processo.

Figura 1.9: - Teclas moldadas por injeção de dois disparos utilizadas num teclado de computador .

Os moldes Two-shot ou também os moldes multi-shot são feitos para "sobremoldar" num único ciclo de moldagem e depois processados em algumas máquinas de moldagem por injeção especializadas cujas unidades de injeção são mais do que uma. Por conseguinte, este processo é um processo de moldagem por injeção que é realizado duas vezes e, para este efeito, tem uma margem de erro muito menor. O primeiro passo envolve, portanto, a moldagem do material de cor de base numa forma que é necessária; esta contém espaços para a segunda injeção. O segundo material, portanto, de cor diferente, é moldado por injeção nesses espaços. Os botões de pressão e também as teclas, por exemplo, fabricados através deste processo têm marcas que não podem ser desgastadas ou o uso pesado permanece legível.

Num único disparo, um molde pode produzir várias cópias das mesmas peças. Cavitações é o número de "impressões" no molde dessa peça. Na maioria dos casos, uma ferramenta com uma única impressão será frequentemente designada por molde de impressão única (cavidade). Qualquer molde com 2 ou mais cavidades, normalmente das mesmas peças, é normalmente designado por molde de impressão múltipla (cavidade) na maioria dos casos. No entanto, alguns moldes de volume de produção extremamente elevado (incluindo os moldes para tampas de garrafas) podem ter sempre cavidades superiores a 128.

Nalguns casos, as ferramentas de cavidades múltiplas tendem a moldar uma série de peças diferentes na mesma ferramenta. Na maioria dos casos, alguns fabricantes de ferramentas chamam a estes moldes moldes de família, porque todas as peças estão relacionadas umas com as outras. Os kits de modelos de plástico são os melhores exemplos.

1.6 ARMAZENAMENTO DE MOLDES

Devido aos seus custos médios elevados, os fabricantes tomam normalmente várias medidas de precaução para proteger os moldes personalizados. A manutenção de uma temperatura e de um nível de humidade perfeitos garante uma vida útil mais longa para cada molde personalizado. A maioria dos moldes personalizados, incluindo os utilizados para moldar a injeção de borracha, são armazenados em ambientes com temperatura e humidade controladas. Isto é para evitar o processo de deformação.

1.7 MATERIAIS PARA FERRAMENTAS

O cobre-berílio e o aço para ferramentas são frequentemente utilizados. Alguns, como o aço macio e o alumínio, o níquel ou o epóxi, são propostos apenas para protótipos ou para séries de produção muito curtas. O alumínio duro moderno, constituído por ligas 7075 e 2024, com um molde corretamente concebido, pode, sem dificuldade, produzir moldes com uma vida útil de 100 000 peças ou mais, se a manutenção do molde for adequada.

Figura 1.10: A inserção de cobre-berílio é amarela num molde de moldagem por injeção para a resina ABS.

1.8 FABRICAÇÃO

No processo de construção de moldes estão envolvidos dois métodos principais: a maquinagem padrão e os processos EDM. O processo de maquinagem standard, no seu estado convencional, era originalmente o método de construção de moldes de injeção mais utilizado. Por conseguinte, com o desenvolvimento tecnológico, a maquinagem CNC tornou-se o meio predominante em comparação com os métodos tradicionais, produzindo moldes mais complexos com detalhes de moldes mais precisos em menos tempo. Por conseguinte, a maquinagem por descarga eléctrica (EDM) e o processo de erosão por faísca passaram a ser amplamente aplicados no processo de fabrico de moldes. Além disso, permite a formação de formas cuja maquinação é difícil, os moldes que são pré-endurecidos também podem ser moldados de modo a que a necessidade de tratamento térmico não exista aqui. Algumas das alterações a um molde endurecido por perfuração convencional e também por fresagem requerem normalmente um recozimento para amolecer o molde, seguido de um tratamento térmico para o voltar a endurecer. O processo EDM é um processo simples em que um elétrodo moldado, feito de cobre ou mesmo de grafite, é baixado muito lentamente sobre a superfície do molde durante um longo período de tempo. Este é mergulhado em óleo de parafina. Por conseguinte, uma tensão aplicada entre a ferramenta e o molde provoca a erosão por faísca na superfície do molde na forma inversa dos eléctrodos.

1.9 CUSTO

Neste caso, o número de cavidades num molde está diretamente relacionado com os custos de moldagem. Um número reduzido de cavidades requer muito menos trabalho de ferramentas; por conseguinte, a limitação do número de cavidades reduzirá os custos iniciais de fabrico da criação de um molde de injeção.

Porque o número de cavidades desempenha uma função importante nos custos de moldagem, também a complexidade das peças projectadas. Por conseguinte, a complexidade pode ser atribuída a muitos factores, incluindo o acabamento da superfície, os requisitos de tolerância, as roscas internas ou externas e os detalhes finos ou o número de rebaixos incorporados.

Os processos de moldagem por injeção de borracha produzem um elevado rendimento de produtos duradouros. Isto faz com que seja o método de moldagem mais eficiente e também mais económico. Processos contínuos de vulcanização que envolvem um controlo preciso da temperatura. Por conseguinte, dedução de resíduos.

1.10 PROCESSO DE INJECÇÃO

Figura 1.10: Um pequeno molde de injeção que indica uma tremonha, um bico e uma zona de moldagem

No caso da moldagem por injeção, o plástico granulado é alimentado por gravidade a partir de uma tremonha para um barril que já está aquecido. Quando os grânulos são movidos lentamente para a frente por um êmbolo que é do tipo parafuso, o plástico é colocado numa câmara aquecida, onde é derretido. Quando o êmbolo avança, o plástico derretido é forçado a entrar na cavidade do molde através de um sistema de porta e corrediça que está a ser utilizado. A temperatura do molde mantém-se fria, pelo que a solidificação do plástico ocorre quase logo após o enchimento do molde.

1.11 CICLO DE MOLDAGEM POR INJECÇÃO

Esta é a sequência de acontecimentos durante a moldagem por injeção de uma peça de plástico. Começa quando o molde fecha e é seguida pela injeção do polímero na cavidade do molde. Imediatamente após o enchimento da cavidade, é mantida uma pressão de retenção para compensar a contração do material. O parafuso roda no passo seguinte, pelo que a injeção seguinte é alimentada ao parafuso frontal. O parafuso retrai-se, portanto, durante a preparação da injeção seguinte, após o arrefecimento da peça, a abertura do molde e a ejeção da peça ocorrem.

1.12 MOLDAGEM CIENTÍFICA VERSUS MOLDAGEM TRADICIONAL

Originalmente, a parte a ser injectada do processo de moldagem era feita a uma pressão constante de modo a preencher e embalar a cavidade. No entanto, este método só permitia, de ciclo para ciclo, uma grande variação nas dimensões. O mais utilizado atualmente é o processo de moldagem desacoplado, defendido pela RJG Inc.. Aqui, a injeção de plástico é "desacoplada" em fases, permitindo assim um melhor controlo das dimensões da peça e uma maior consistência de ciclo para ciclo. Aqui, primeiro a cavidade é preenchida até aproximadamente 98% através do uso de controlo de velocidade. No entanto, embora a pressão deva ser suficiente para permitir a velocidade esperada, as limitações de pressão durante esta fase não são necessárias. Assim, quando a cavidade estiver 98% cheia, a máquina passa do controlo da velocidade para o controlo da pressão e a cavidade é "enchida" a uma pressão constante. É aqui que a velocidade suficiente para atingir as pressões esperadas é altamente necessária. Por conseguinte, isto permite que as dimensões das peças sejam controladas até aos milésimos de polegada ou até mesmo com melhores proximidades.

1.13 RESOLUÇÃO DE PROBLEMAS DO PROCESSO

Tal como em todos os processos industriais, a moldagem por injeção pode produzir peças com defeitos. Por conseguinte, no domínio da moldagem por injeção, o processo de resolução de problemas é frequentemente efectuado através da análise de peças defeituosas para detetar defeitos específicos e resolver esses defeitos através da conceção do molde ou das caraterísticas do processo. Os ensaios são frequentemente realizados antes da produção completa, num esforço de prever defeitos e determinar as especificações adequadas a utilizar no processo de injeção.

No caso de se estar a encher um molde novo ou desconhecido pela primeira vez, e se o tamanho da injeção para esse molde não for reconhecido, um técnico pode efetuar um ensaio antes de efetuar uma produção completa. O início é um pequeno peso de injeção que se enche gradualmente até o molde ficar 95 a 99% cheio, como previsto. Imediatamente após a obtenção deste resultado, é aplicada uma menor quantidade de pressão de retenção e o tempo de retenção é melhorado até se obter o tempo de solidificação. O tempo de congelação do Gate pode ser obtido através do aumento do tempo de retenção, pesando assim a peça aqui. Caso o peso da peça não se altere, verifica-se que o portão congelou e não é introduzido mais material neste sistema. O tempo de solidificação do portão é muito útil, pois determina o tempo de ciclo e também a qualidade e a consistência do produto, sendo, portanto, uma questão importante nos processos de economia e produção. A pressão de retenção é utilizada até que as peças estejam livres de afundamentos e seja possível atingir o peso da peça.

Contribuição e esboço da tese

Há um problema distinto abordado neste trabalho. É o seguinte:

1:- O tempo de regulação da máquina de moldagem por indução é demasiado elevado. Para o controlador PID, o valor do tempo de regulação é 1,5. Quando utilizamos a lógica difusa, o valor do tempo de regulação é 1. O tempo de regulação é mais importante para a máquina de moldagem por injeção. À medida que o tempo de regulação aumenta, a estabilidade da máquina diminui. Depois de aplicar o PID difuso, o tempo de regulação baixa devido à lógica difusa. Depois de aplicar o PID e a lógica difusa, o tempo de regulação passa para 0,75. Estamos a trabalhar no domínio principal do tempo de regulação da máquina de moldagem por injeção. Reduziremos o tempo de configuração de 0,75.

Fig :- Ponto de regulação depois de aplicar PID e fuzzy

A organização da tese é feita da seguinte forma:

Capítulo 1 Introdução Sobre a máquina de moldagem por injeção e o seu efeito no ponto de fixação com a declaração do problema da nossa tese. As várias técnicas que foram utilizadas pelo investigador até à data são também discutidas para uma boa estimativa da técnica proposta. A contribuição do trabalho e a organização da tese também são projectadas neste capítulo.

O Capítulo 2 aborda vários trabalhos realizados pelo investigador na área da máquina de moldagem por injeção. Foi efectuada uma revisão detalhada da literatura, tendo como resultado os pontos fortes e fracos do trabalho, as lacunas dos trabalhos anteriores e a definição do problema. Apresenta também o objetivo da tese.

Capítulo 3   descreve a principal abordagem de solução utilizada nesta dissertação. A abordagem da Rede Neuronal e a sua implementação são discutidas neste capítulo. Neste capítulo, também descrevemos o sistema proposto e a sua implementação

O capítulo 4 é dedicado aos resultados experimentais e à sua análise. A técnica proposta é analisada relativamente aos gráficos de ultrapassagem do tempo de regulação. O resultado da experimentação e as suas limitações são discutidos neste capítulo com os gráficos e a tabela de apoio. O âmbito do projeto no futuro é discutido após a análise das limitações do trabalho.

Finalmente, a conclusão é feita no capítulo 6, resumindo os desafios, a técnica proposta e a sua eficácia em comparação com trabalhos anteriores.

Capítulo 2
Revisão da literatura

A revisão da literatura é necessária para identificar um problema e as fases da sua solução. Uma revisão adequada da literatura fornece uma base sólida para um trabalho de investigação nobre. O estudo da literatura inclui o estudo de várias fontes de literatura na área de investigação. Inclui a procura de material relacionado em revistas, livros, artigos de investigação, trabalhos de investigação científica publicados em várias conferências, jornais e transacções. O estudo e a compreensão da literatura, para além dos artigos de investigação científica, é um pouco fácil, uma vez que elabora os conceitos de forma simples e explicativa. Ao mesmo tempo, estes conteúdos não podem ser considerados como base para chegar à conclusão de enquadrar os objectivos da investigação, uma vez que não são apoiados por uma revisão adequada por vários investigadores que trabalham na área. A revisão de um trabalho de investigação científica é um trabalho fastidioso. Requer um conhecimento prévio do domínio de investigação. Os trabalhos de investigação científica são altamente estruturados, compactos e precisos na sua explicação. Os investigadores têm de adotar um determinado caminho para fazer a revisão da literatura. Os investigadores definiram muitos procedimentos e processos para se submeterem e chegarem a determinadas conclusões sobre os objectivos da investigação. As cinco fases do processo de análise adotado são analisadas neste capítulo. No estudo da literatura, foram analisados 43 artigos de revistas e conferências, desde o ano 2001 até 2014. A revisão categórica está relacionada com o design e otimização VLSI. Além disso, são também apresentadas as lacunas na investigação publicada, as abordagens de soluções com base em questões e conclusões comuns, os pontos fortes e fracos, a declaração do problema e os objectivos.

2.1 Processo de revisão adotado

O diagrama do processo é apresentado na Fig. 2.1, que inclui as cinco fases. O processo de revisão está dividido em cinco fases, de modo a tornar o processo simples e adaptável a todos os investigadores. Como se depreende da literatura que, ao iniciar a procura de objectivos de investigação, é necessário começar por um domínio mais vasto de qualquer área e subárea de interesse e restringir-se à questão específica, o processo descrito no diagrama inclui a restrição juntamente com os objectivos de investigação como resultado com a justificação do problema.

2.1.1 *Fases do processo de revisão*

> Fase 0: Sentir a sensação

> Fase 1: Obter uma visão global

> Fase 2: Obter os pormenores

> Fase 3: Avaliar os pormenores

> Fase 3 +: Sintetizar os pormenores.

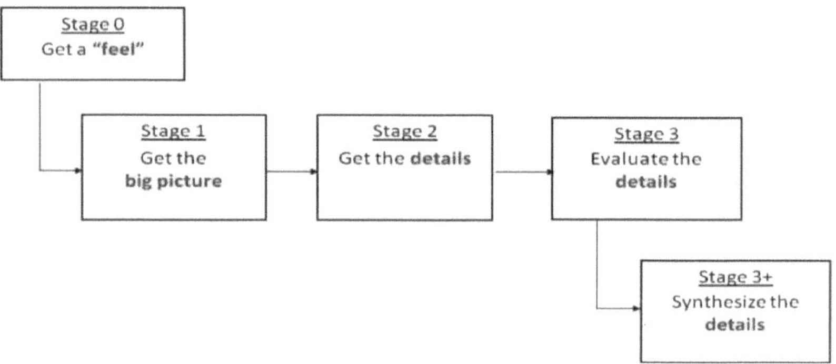

Fig 2.1 Análise das fases do processo de revisão

Os pormenores das várias fases seguidas são discutidos a seguir.

a) *Etapa 0: Sentir a sensação:*

Esta fase é o início do processo de revisão da literatura, em que é necessário selecionar amplamente a área de interesse e começar a procurar artigos de investigação científica em fontes válidas. Todo o conceito da dissertação está relacionado apenas com a otimização da potência, do atraso e da energia e com o efeito da potência em qualquer circuito.

b) *Fase 1: Obter o "quadro geral"*

Para compreender o trabalho em termos gerais e ter uma ideia se o trabalho pertence exatamente à área ou subárea de investigação selecionada ou se se desvia, e se se desvia em que medida, estes conceitos são clarificados nesta fase, conhecida como Get Big Picture. Nesta fase, o autor tem conhecimento do problema que está a tentar resolver. O valor da solução e o resultado do conhecimento são reveladores dos critérios que o sistema estava a ter. Nesta etapa, os vários tipos de ponto de ajuste são: - PID, FUZZY, Double FUZZY [1]. Depois de encontrar todas as abordagens de solução, verificou-se que o MTCMOS exigia menos variação paramétrica na estrutura.

c) *Fase 2: Obter os "pormenores"*

A fase 2 consiste em aprofundar cada trabalho de investigação e compreender os pormenores da metodologia utilizada para justificar o problema, a justificação da importância e da novidade da abordagem da solução, a questão precisa abordada, a principal contribuição, o âmbito e as limitações do trabalho apresentado.

Após a leitura de todos os artigos relacionados com a implementação do PID e da lógica difusa na máquina de moldagem por injeção, verificou-se que muitos artigos se concentram totalmente no gráfico de ultrapassagem do ponto de regulação da máquina de moldagem por injeção [4],[9],[14],[19],[28],[29], e alguns artigos estão relacionados com os problemas de erro da máquina de moldagem por injeção.

d) Fase 3: "Avaliar os pormenores"

Esta fase fornece uma visão de como lidar com a avaliação dos pormenores apresentados pelos investigadores e generalizar o conceito. No início, não é possível avaliar estes pormenores, pois é necessário verificar os aspectos relativos e comparativos em relação aos trabalhos apresentados pelos investigadores. Esta fase avalia os pormenores em relação à importância do problema, à novidade do problema, à importância da solução, à novidade na abordagem, à validade das afirmações, etc. Aqui foram explorados os pormenores relativos à redução da potência, do atraso e da energia.

e) Fase 3+: "Sintetizar os pormenores"

A fase 3 trata da avaliação dos pormenores apresentados e da generalização até certo ponto. Esta fase trata da síntese dos dados, do conceito e dos resultados apresentados pelos autores. Esta fase não exige apenas a compreensão de outros trabalhos de investigação, mas requer pensamento criativo e bons conhecimentos na subárea de investigação. Aqui é necessário imaginar situações diferentes das apresentadas e prever os resultados esperados.

5.2.1 Questão: Controlo da temperatura e ponto de regulação da máquina de moldagem por injeção.

[Makiko Kobayashi, et al, 2006] apresentando os transdutores ultra-sónicos piezoeléctricos de temperatura elevada (HTUTs) de cerâmica piezoeléctrica de película espessa (90 m) foram bem colocados e depositados sobre os compostos metálicos através do método de pulverização sol-gel. Normalmente, o gel é constituído por pós finos de titanato de bismuto acelerado na combinação chumbo-zircónio-titanato e na solução. Foi registado que as películas que possuem a espessura necessária são obtidas seguindo a técnica de revestimento multicamada. Normalmente, a piezoeletricidade é obtida através da técnica de polimento por descarga corona. É evidente que as frequências centrais dentro da rede ultra-sónica produzida através dos HTUTs são de aproximadamente 10 MHz e em relação à relação rede-ruído (SNR) é superior a 30 dB no modo pulso-eco a 500 C. O mérito básico dos HTUTs modernos mostra que são utilizáveis a temperaturas superiores a 500 C, são também muito raros e, por último, podem ser combinados em conjunto nas superfícies planas e curvas. Ao mesmo tempo, não necessitam de líquido de arrefecimento ultrassónico, podem ser manuseadas em todas as gamas de valores de frequência de megahertz reduzidos e moderados com uma largura de banda de frequência adequada, e o último mérito é que possuem uma resistência piezoeléctrica e uma SNR adequadas. O principal papel das HTUTs para regular o método de moldagem por injeção de polímeros em tempo real na atual inserção do molde da máquina é a ilustração. Normalmente, o comportamento do polímero dentro da cavidade do molde era regulado através de diferentes sensores HTUTs inseridos nos moldes em vários locais. Os insertos de molde são maioritariamente aplicados pelos moldadores de injeção, em particular, para os processos de moldagem multi-cavidades. A utilização dos sensores nos insertos do molde permite-nos monitorizar o processo de injeçâo através de moldes de diferentes tamanhos. Normalmente o material utilizado foi o policarbonato de grau de injeção e a secção moldada com forma retangular. A frente de fluxo da chegada e a velocidade mediana da frente de fluxo do polímero dentro da cavidade do molde foi obtida através da variação da amplitude do eco refletido a partir da parte inferior da colocação do sensor HTUT. Ao mesmo tempo, o eco foi aplicado para perceber o tempo de abertura da fenda do molde atual. Normalmente, a amplitude e as mudanças de fase dos ecos gerados dentro da peça moldada foram aplicadas para realizar a ejeção da peça e para monitorizar basicamente a conclusão extrema do enchimento da presente cavidade do molde através do polímero. Foi registado que a amplitude dos ecos presentes era muito sensível à secção anexada do molde para melhorar a parte incompleta com taxa de enchimento de uma percentagem especificada a ser realizada. Normalmente, a formação do sólido é regulada apenas para verificar a peça moldada, o que foi feito através da medição da velocidade ultra-sónica e da atenuação na secção moldada, através da utilização de diferentes ecos gerados na peça. Verificou-se que a variação da velocidade ultra-sónica e da atenuação mostrava as caraterísticas do material da peça, como as constantes elásticas, a viscosidade e a densidade, na formação do sólido [19].

[Huailin Shu, et-al, 2007] Define as caraterísticas da máquina de moldagem por injeção com controlo de temperatura através da utilização de PIDNN. Neste trabalho, os resultados da simulação mostram os resultados para a máquina de moldagem por injeção de três fases. Isto mostra que a rede neural PIS está a dar o melhor tempo de resposta e ponto de ajuste para a máquina de moldagem por injeção de três fases. A PIDNN tem três camadas ocultas: neurónios P, neurónios I e neurónios D. A PIDNN é utilizada como rede dinâmica multicamada [28].

[Tao liu, et al, 2009] apresentando o regulador prático de temperatura de barril da moldagem por injeção, o aspeto do estudo sugere duas técnicas de identificação e o esquema de regulador unido para a conceção de regulação de temperatura polivalente. Relativamente à ação de passo unitário relacionada com a ação de aquecimento total no sistema de regulação da temperatura, é criada uma técnica de identificação para obter um tipo de integração para a conceção da regulação do aquecimento. Através da aplicação da técnica de relé em torno da temperatura do ponto de ajuste, é sugerida uma técnica de identificação diferente para apostar no tipo de modelo estável e integrador para a conceção do sistema de regulação, a fim de rejeitar a interferência da carga durante o funcionamento do sistema. Para aumentar a robustez da identificação, são apresentados planos de eliminação de ruído para utilização prática com as dimensões do ruído. Para aumentar a simplicidade da ação sugerida, sugere-se um esquema de regulador combinado, dependente da estrutura modelo interno-regulador, para as acções de aquecimento e de estabilização contra a interferência da carga. As técnicas de conceção do regulador analítico sugeridas e as estruturas de afinação das regras estão relacionadas com a regulação quantitativa da atual ação de aquecimento e da ação de interferência da carga para o funcionamento. Normalmente, a literatura atual e a utilização prática para a moldagem por injeção são feitas para ilustrar a eficácia e a vantagem da técnica de identificação e do esquema de regulação sugeridos. Na conceção do controlo da temperatura, foi escolhido um método de identificação baseado na resposta ao degrau para obter o modelo de aquecimento, juntamente com um outro método de identificação baseado num ensaio de relé efectuado em torno da temperatura de referência e também indicado para obter o modelo estável ou mesmo integrador para a rejeição de perturbações de carga. Com base na estrutura IMC, foi proposto um esquema de controlo unificado para a rejeição do aquecimento e da perturbação da carga em estado estável, uma vez que este é capaz de evitar o sobreaquecimento no processo de aquecimento. As fórmulas de conceção do controlador analítico e as diretrizes de afinação quantitativa foram fornecidas para o emprego da resposta de aquecimento necessária, juntamente com a resposta de perturbação da carga, mais restrições de afinação robustas, de modo a acomodar alguns processos de incerteza. Na sua aplicação ao controlo da temperatura do barril, uma máquina de moldagem por injeção demonstrou muito bem os métodos de identificação propostos e a eficácia do esquema de controlo [4].

[Seyed Kamaleddin Mousavi Mashhadi, et-al, 2013] Apresenta o controlador lógico difuso para a temperatura da máquina de moldagem por injeção. O sistema é concebido como um controlador fuzzy linear para controlar a temperatura da máquina de moldagem por injeção. O controlador e o decisor são concebidos utilizando a lógica difusa [29].

5.2.2 *Problema: Erro encontrado na máquina de moldagem por injeção*

[Chris m. seaman, et-al, 1994] apresenta um vasto conhecimento de que o regulador PID foi muito bem sucedido no passado e também amplamente aceite para o controlo dos sistemas industriais em que o critério de desempenho é uma das funções objetivo. Assim, a questão é saber se o mesmo sucesso pode ser alcançado no controlador PID para mais do que uma função objetivo, preservando ao mesmo tempo a simplicidade de utilização pelo operador. Assim, exploramos aqui a utilização da otimização multi-objetivo de modo a alargar os controladores PID a aplicações que exijam a otimização de múltiplos objectivos. A implementação de um algoritmo que funciona em tempo real e fornece feedback imediato a um operador de processo do ponto de operação imediato. A sua aplicação foi na sintonização de um controlador PID de uma fase de um processo de moldagem por injeção. Através de uma máquina de moldação por injeção o algoritmo foi implementado e permitiu via on line a afinação do controlador. A apresentação e comparação dos resultados de simulação e experimentais é feita de seguida:

- Por conseguinte, este algoritmo foi aplicado à afinação de um controlador PID, satisfazendo assim dois critérios objectivos para a fase de plastificação da moldagem por injeção.
- Assim, o algoritmo de otimização multi-objetivo foi aplicado na afinação de um controlador PID para um modelo empírico de processo. Neste caso, o processo foi executado durante um ciclo e os dados recolhidos durante este ciclo foram aplicados pelo algoritmo para encontrar um ponto de funcionamento ótimo de Pareto em relação a duas funções objetivo.
- Aqui, portanto, quando se obteve um ponto de funcionamento ótimo de Pareto, para decidir se este ponto de funcionamento é desejável, utilizou-se o operador. Para determinar se outros pontos devem ser examinados. Finalmente, foi realizada uma curva que é o tradeoff entre os dois objectivos, ao mesmo tempo que os ganhos correspondentes são controlados. A repetição deste processo e do algoritmo permitiu a afinação em linha do controlador PID.
- Por conseguinte, em geral, esta era a expetativa do algoritmo. Muitas vias de melhoria podem ser exploradas, embora a maior área esteja relacionada com a escolha do tamanho do passo do parâmetro sempre que se geram as ideias de gradiente e se realizam as experiências de pesquisa de linhas.
- Neste caso, portanto, o algoritmo depende da "sensação" que os decisores têm do processo. A precisão desta estimativa é uma função do ruído na medição do sinal, juntamente com a dominância de "caraterísticas geográficas de segunda ordem" da superfície de resposta explorada. Para determinar um índice da "confiança" que o algoritmo e o experimentador têm

no modo, é utilizado um teste de rácio F. Além disso, ao efetuar a pesquisa de linhas, o movimento do ponto de operação a partir da região que mantém o gradiente. A utilização do "teste de hipótese zero" na atualização contínua da viabilidade dos gradientes actuais. Também aqui, foi empregue uma pesquisa de linhas muito simples e conservadora. Incorporar medidas dos efeitos de segunda ordem no aumento da eficiência desta pesquisa utilizando a informação disponível [5].

-

5.2.3 Questão: Tempo de processamento da máquina de moldagem por injeção

[Makiko Kobayashi, et al, 2006] apresentando os transdutores ultra-sónicos piezoeléctricos de temperatura elevada (HTUTs) de cerâmica piezoeléctrica de película espessa (90 m) foram bem colocados e depositados nos compostos metálicos através do método de pulverização sol-gel. Normalmente, o gel é constituído por pós finos de titanato de bismuto acelerado na combinação chumbo-zircónio-titanato e na solução. Foi registado que as películas que possuem a espessura necessária são obtidas seguindo a técnica de revestimento multicamada. Normalmente, a piezoeletricidade é obtida através da técnica de polimento por descarga corona. É evidente que as frequências centrais dentro da rede ultra-sónica produzida através dos HTUTs são de aproximadamente 10 MHz e em relação à relação rede-ruído (SNR) é superior a 30 dB no modo pulso-eco a 500 C. O mérito básico dos HTUTs modernos mostra que são utilizáveis a temperaturas superiores a 500 C, são também muito raros e, por último, podem ser combinados em conjunto nas superfícies planas e curvas. Ao mesmo tempo, não necessitam de líquido de arrefecimento ultrassónico, podem ser manuseadas em todas as gamas de valores de frequência de megahertz reduzidos e moderados com uma largura de banda de frequência adequada, e o último mérito é que possuem uma força piezoeléctrica adequada e a SNR. O papel principal das HTUTs para regular o método de moldagem por injeção de polímeros em tempo real na atual inserção do molde da máquina é a ilustração. Normalmente, o comportamento do polímero dentro da cavidade do molde era regulado através de diferentes sensores HTUTs inseridos nos moldes em vários locais. Os insertos de molde são maioritariamente aplicados pelos moldadores de injeção, em particular, para os processos de moldagem multi-cavidades. A utilização dos sensores nos insertos do molde permite-nos monitorizar o processo de injeção através de moldes de diferentes tamanhos. Normalmente o material utilizado foi o policarbonato de grau de injeção e a secção moldada com forma retangular. A frente de fluxo da chegada e a velocidade mediana da frente de fluxo do polímero dentro da cavidade do molde foi obtida através da variação da amplitude do eco refletido a partir da parte inferior da colocação do sensor HTUT. Ao mesmo tempo, o eco foi aplicado para perceber o tempo de abertura da fenda do molde atual. Normalmente, a amplitude e as mudanças de fase dos ecos gerados dentro da peça moldada foram aplicadas para realizar a ejeção da peça e para monitorizar basicamente a conclusão extrema do enchimento da presente cavidade do molde através do polímero. Foi registado que a amplitude dos ecos presentes era muito sensível à secção anexada do molde para melhorar a parte incompleta com taxa de enchimento de uma percentagem especificada a ser realizada. Normalmente, a formação do sólido é regulada apenas para verificar a peça moldada, o que foi feito através da medição da velocidade ultra-sónica e da atenuação na secção moldada, através da utilização de diferentes ecos gerados na peça. Verificou-se que a variação da velocidade ultra-sónica e da atenuação mostrava as caraterísticas do material da peça, como as constantes elásticas, a viscosidade e a densidade, na formação do sólido [19].

[Thomas C Chen,1999] A apresentação da computação e a conceção de sistemas de controlo recentes, concebidos à medida, permitem geralmente a possibilidade de aplicar a teoria de controlo moderna às máquinas de moldagem por injeção, de modo a atingir novos padrões de desempenho sem utilizar equipamentos dispendiosos ou mesmo especiais. Por conseguinte, as novas linhas de controlo da Van Dorn Damage Corporation aplicam a utilização de filtros digitais, a lógica de transição de estado e também o controlo de estado de temperatura de alta ordem para controlar com maior precisão os processos da máquina de moldagem em uso. Neste caso, a utilização de filtros digitais e da lógica de transição de estados reduz o período de tempo de resposta do controlador, melhorando assim a repetibilidade de ciclo para ciclo, e também prevê as posições futuras da pinça da máquina de moldagem na aplicação do processo de travagem da pinça. Também aqui o sistema de controlo do estado da temperatura aplica a modelação matemática real do barril juntamente com o rastreio das perturbações térmicas estimadas para controlar melhor a temperatura do barril. Além disso, estas técnicas são utilizadas numa variedade de modelos e tamanhos de máquinas de moldagem por injeção e podem ser executadas de forma a que a programação e o funcionamento das máquinas não sejam difíceis em comparação com a aplicação dos métodos tradicionais.

Ao aplicar a moderna teoria de controlo, juntamente com as técnicas de engenharia de software no hardware personalizado e nas plataformas para o controlo de máquinas utilizadas na moldagem por injeção, podem ocorrer alguns avanços consideráveis no desempenho da máquina. As melhorias deste desempenho podem resultar em produtos plásticos de maior qualidade, bem como numa operação de moldagem mais rápida e segura. Estes métodos descritos neste documento indicam apenas o início das capacidades da teoria de controlo moderna. Ao envolver o conhecimento do processo que é controlado no sistema de controlo que está a ser feito, é possível um melhor controlo. Enquanto se aprende mais sobre o processo de moldagem por injeção, no sistema de controlo, esta informação pode ser incluída [6].

[B Ribeiro, 1999] apresenta a tecnologia das redes neuronais e esta é utilizada neste sistema de forma a que o primeiro passo seja a deteção de falhas no processo de moldagem por injeção. O passo seguinte é a implementação do sistema para a afinação automática das configurações da máquina.

Existem dois méritos principais (i) a elevada consistência do processo e (ii) a rentabilidade devido à redução dos custos de produção, que são úteis para atingir o objetivo do trabalho proposto [15].

[Jung Hua Yang, 2002] apresenta uma técnica de conceção de controlo adaptativo não linear. Com base em alguns parâmetros físicos assumidos, esta técnica é utilizada para o controlo da velocidade do cilindro de injeção de uma máquina de moldagem. É utilizado o procedimento de projeto por retrocesso e o sinal de aceleração do cilindro de injeção é conhecido e todos os outros parâmetros do sistema são desconhecidos. O método de Lyapunov permite comprovar a estabilidade assintótica de todo o sistema em malha fechada. Para revelar a validade do controlador proposto, é fornecido um ambiente de simulação em computador [10].

[Bernadette Ribeiro, 2005] Apresentação As máquinas de vectores de suporte (SVMs) são principalmente boas no processamento de uma atenção elevada nos domínios de utilização variável para os quais as redes neuronais (NNs) contêm a função significativa. Entretanto, tendo em conta a avaliação da qualidade, está a ser dada muito pouca atenção ao desenvolvimento moderno adicional associado ao método dos fundamentos de uma teoria de aprendizagem inalterável. A comparação neste trabalho envolve os classificadores - SVM e -SVM através das NNs de função de seguimento radial (RBF) nos conjuntos de informação relacionados com o problema do produto no ambiente industrial relacionado com a injeção de plásticos na máquina de moldagem. Normalmente, o principal objetivo é monitorizar a informação em processo para dar uma ideia da qualidade do produto e para obter uma resposta muito rápida em relação a perturbações inesperadas do processo. O método aplicado em relação aos SVMs explora a parte inicial deste objetivo atual. O tipo de seleção que é realmente visível na área dos hiperparâmetros é realizado para ajudar no estudo da verificação das condições necessárias. Normalmente, dentro das deficiências relacionadas com a multiclasse geradas apresentadas, a precisão da categorização é geralmente relatada para o plano de ação. Os resultados das experiências realizadas mostram principalmente a generalização avançada com o classificador de margem aumentada e o desempenho melhorado, facilitando a força e a eficácia do modelo selecionado para o estudo de caso prático real [1].

[W.C.Chen, et-al, 2008] apresentando a otimização dos parâmetros do processo de moldagem por injeção de plástico. Estes **três** métodos são os seguintes:

1. Projeto de parâmetros de Taguchi
2. Redes neurais de retropropagação (BPNN)
3. Davidon-Fletcher-Powell (DFP)

Considerar alguns parâmetros como a pressão de velocidade, o tempo de injeção, a posição do interrutor, a velocidade de injeção e a pressão de embalagem são escolhidos como parâmetros de controlo do processo e o peso do produto é selecionado como parâmetro de qualidade. Para a definição dos parâmetros do processo de fabrico, os métodos tradicionais, como a tentativa e erro ou o método de conceção de parâmetros de Taguchi, não são adequados para obter a melhor qualidade do produto e o melhor custo.

Para organizar uma experiência de uma matriz ortogonal e diminuir a quantidade de ciclos de teste de conjunto, é utilizado o método de conceção de parâmetros proposto por Taguchi. Os resultados experimentais produzidos por este método são utilizados para testar e preparar a BPNN de forma eficiente. Depois disso, combina-se a BPNN com o DFP para encontrar o parâmetro final para um processo ótimo. No final, é efectuada a experiência de confirmação para verificar a eficácia dos parâmetros.

- O processo proposto de otimização eficaz dos parâmetros, conclui que pode evitar as desvantagens inerentes ao método tradicional de conceção de parâmetros de Taguchi ou à aplicação do método de tentativa e erro.
- A abordagem proposta ajuda eficazmente os engenheiros a determinar os parâmetros iniciais effectivos do processo e a obter as vantagens da qualidade e do custo do produto num ambiente competitivo.
- Esta abordagem apresenta um esquema baseado no conhecimento, utilizando a análise de dados e a extração de dados para procurar as definições óptimas dos parâmetros do processo.
- Este sistema proposto proporciona uma qualidade mais fiável do produto e também reduz o tempo consumido para a definição de parâmetros óptimos.
- O para a otimização dos parâmetros do processo de moldagem por injeção de plástico [8].

2.2.3 Tempo de processamento da máquina de moldagem por injeção [Jung Hua Yang 2002]

apresenta a técnica de conceção do controlo adaptativo não linear. Com base em alguns parâmetros físicos, esta técnica é utilizada para o controlo da velocidade do cilindro de injeção

controlo de uma máquina de moldagem. Utiliza-se o procedimento de conceção por retrocesso e o sinal de aceleração do cilindro de injeção não desejável na conceção é conhecido e todos os outros parâmetros do sistema são desconhecidos. O método de Lyapunov permite provar a estabilidade assintótica de todo o sistema em circuito fechado. Para revelar a validade do controlador proposto, é fornecido um ambiente de simulação em computador [6].

[Makiko Kobayashi, et al, 2006] apresentando os transdutores ultra-sónicos piezoeléctricos de temperatura elevada (HTUTs) de cerâmica piezoeléctrica de película espessa (90 m) foram bem colocados e depositados sobre os compostos metálicos através do método de pulverização sol-gel. Normalmente, o gel é constituído por pós finos de titanato de bismuto acelerado na combinação chumbo-zircónio-titanato e na solução. Foi registado que as películas que possuem a espessura necessária são obtidas seguindo a técnica de revestimento multicamada. Normalmente, a piezoeletricidade é obtida através da técnica de polimento por descarga corona. É evidente que as frequências centrais dentro da rede ultra-sónica produzida através dos HTUTs são de aproximadamente 10 MHz e em relação à relação rede-ruído (SNR) é superior a 30 dB no modo pulso-eco a 500 C. O mérito básico dos HTUTs modernos mostra que são utilizáveis a temperaturas superiores a 500 C, são também muito raros e, por último, podem ser combinados em conjunto nas superfícies planas e curvas. Ao mesmo tempo, não necessitam de líquido de arrefecimento ultrassónico, podem ser manuseadas em todas as gamas de valores de frequência de megahertz reduzidos e moderados com uma largura de banda de frequência adequada, e o último mérito é que possuem uma força piezoeléctrica adequada e a SNR. O papel principal das HTUTs para regular o método de moldagem por injeção de polímeros em tempo real na atual inserção do molde da máquina é a ilustração. Normalmente, o comportamento do polímero dentro da cavidade do molde era regulado através de diferentes sensores HTUTs inseridos nos moldes em vários locais. Os insertos de molde são maioritariamente aplicados pelos moldadores de injeção, em particular, para os processos de moldagem multi-cavidades. A utilização dos sensores nos insertos do molde permite-nos monitorizar o processo de injeção através de moldes de diferentes tamanhos. Normalmente o material utilizado foi o policarbonato de grau de injeção e a secção moldada com forma retangular. A frente de fluxo da chegada e a velocidade mediana da frente de fluxo do polímero dentro da cavidade do molde foi obtida através da variação da amplitude do eco refletido a partir da parte inferior da colocação do sensor HTUT. Ao mesmo tempo o eco foi aplicado para perceber o tempo de abertura da fenda do molde atual. Normalmente, a amplitude e as mudanças de fase dos ecos gerados dentro da peça moldada foram aplicadas para realizar a ejeção da peça e para monitorizar basicamente a conclusão extrema do enchimento da presente cavidade do molde através do polímero. Foi registado que a amplitude dos ecos presentes era muito sensível à secção anexada do molde para melhorar a parte incompleta com taxa de enchimento de uma percentagem especificada a ser realizada. Normalmente, a formação do sólido é regulada apenas para verificar a peça moldada, o que foi feito através da medição da velocidade ultra-sónica e da atenuação na secção moldada, através da utilização de diferentes ecos gerados na peça. Verificou-se que a variação da velocidade ultra-sônica e da atenuação mostrava as caraterísticas do material da peça, como as constantes elásticas, a viscosidade e a densidade, na formação do sólido [2].

[Tao Liu, et al, 2009] Apresenta dois métodos propostos para a identificação e o sistema de controlo da unidade para a conceção do controlo básico da temperatura. Os métodos propostos são inspirados no controlo da temperatura do barril de moldagem por injeção numa perspetiva realista. Para a conceção do controlo de aquecimento, é adquirido um modelo de integração através do desenvolvimento de um método de identificação. É desenvolvido um método de identificação equivalente a toda a resposta de aquecimento no sistema de controlo de temperatura baseado na resposta ao degrau unitário. Através da utilização de um teste de relé, obtém-se aproximadamente um sistema de tipo estável ou integrador para a conceção do sistema de controlo, a fim de eliminar as perturbações da carga durante o funcionamento do sistema. Para garantir a robustez da identificação, devem ser apresentadas estratégias de eliminação de ruído para aplicações realistas, bem como operações estáveis em oposição a perturbações da carga. O esquema de controlo da unidade baseia-se na estrutura de controlo do modelo interno e foi desenvolvido para proporcionar uma implementação fácil e simples. Existem dois tipos de respostas para as operações que são 1)resposta de aquecimento e 2)resposta de perturbação da carga, as fórmulas analíticas de conceção do controlador e as políticas ou regras de afinação são desenvolvidas de forma equivalente para a regulação quantitativa dos dois tipos de respostas. Para revelar a eficiência e a vantagem do sistema de controlo proposto e dos esquemas de identificação, são apresentados exemplos da atual revisão da literatura e da aplicação realista da moldagem por injeção, sendo estes métodos de identificação capazes de uma boa resistência ao ruído de medição. O esquema de controlo da unidade foi proposto para o aquecimento conjunto e a rejeição de perturbações da carga em estado estacionário. Este esquema é baseado na estrutura IMC e também é capaz de ultrapassar a temperatura para o aquecimento [22].

[Jee lin, et-al, 2010] apresenta a investigação concebida e a construção do sistema de moldagem por injeção assistida por gás e a sua incorporação na antiga máquina de moldagem por injeção. O sistema incorporado foi vulgarmente designado por (GAIMCS), o qual possui uma dinâmica técnica e incerta, o que faz com que não seja possível aplicar os controladores baseados em modelos no sistema. Para resolver este problema, foi desenvolvido um controlador fuzzy auto-organizável (SOFC) sem modelo para regular o GAIMCS e analisado o desempenho da regulação. É evidente que o SOFC possui a capacidade de aprendizagem, conhecida por regular as regras de controlo fuzzy em tempo real no processo de controlo. Normalmente as primeiras regras de regulação fuzzy para a SOFC são alteradas para o estado zero no momento do início da aprendizagem. Verificou-se que a SOFC obteve um melhor desempenho de regulação em comparação com o regulador lógico difuso e o regulador proporcional-integral-derivativo para a regulação do gás de pressão aumentada presente no GAIMCS, tal como atribuído através dos resultados práticos. É evidente que na SOFC existe a capacidade de aprendizagem em linha, a partir da tabela vazia de regulações fuzzy, contrariando assim os problemas de deteção do papel de membro confortável e das regras fuzzy na elaboração do FLC. Os resultados práticos indicam que a SOFC apresenta um bom desempenho de regulação através da aceleração do tempo de subida, da redução do problema de seguimento da trajetória presente, e da necessidade de tensões de regulação reduzidas para a regulação do gás de pressão elevada no GAIMCS, em relação ao regulador PID e ao FLC gerado por Lin e Lain. Em relação à SOFC sugerida, possuindo quatro ciclos de aprendizado, avançou efetivamente o desempenho do GAIMCS para a regulação de gás de alta pressão em relação aos resultados experimentais [3].

[Pablo Ayala Hernandez, 2012] que apresenta a tecnologia de moldagem por injeção deve fornecer automaticamente o controlo de qualidade de alto nível das peças moldadas. As exigências dos controlos de qualidade por métodos convencionais são prejudicadas e o desenvolvimento de modelos matemáticos é mais difícil devido às complexidades intrínsecas do processo. A tecnologia das redes neuronais pode ser eficazmente útil em aplicações industriais, uma vez que estas se baseiam em sistemas de modelização altamente não lineares e são capazes de fornecer dados suficientemente ricos para modelos de controlo de alto nível. Para otimizar as definições dos parâmetros de moldagem por injeção, este documento concentra-se no esquema Neural-Fuzzy. Este esquema inclui o projeto de experiências (DOE) e sistemas Neural-Fuzzy. Propõe-se uma abordagem Neuro-Fuzzy para concluir e otimizar os parâmetros de processo para uma máquina de moldagem especial e os resultados mostram-nos a capacidade mais geral de gerar parâmetros de processo óptimos num modelo não linear como a máquina de moldagem apropriada para diminuir os custos de produção. O trabalho futuro deste artigo consiste em obter os resultados dos dados óptimos com Algoritmos Genéticos e todos os parâmetros associados através do processo de moldagem por injeção e execução em tempo real [14].

2.2.4 *Questão: Conceção da máquina de moldagem por injeção*

[Pablo Ayala Hernandez, 2012] apresentam que a tecnologia de moldagem por injeção deve fornecer automaticamente o controlo de qualidade de alto nível das peças moldadas. As exigências dos controlos de qualidade por métodos convencionais são dificultadas e o desenvolvimento de modelos matemáticos é mais difícil devido às complexidades intrínsecas do processo. A tecnologia das redes neuronais pode ser eficazmente útil em aplicações industriais, uma vez que estas se baseiam em sistemas de modelização altamente não lineares e são capazes de fornecer dados suficientemente ricos para modelos de controlo de alto nível. Para otimizar as definições dos parâmetros de moldagem por injeção, este documento concentra-se no esquema Neural-Fuzzy. Este esquema inclui o projeto de experiências (DOE) e sistemas Neural-Fuzzy. Propõe-se uma abordagem Neuro-Fuzzy para concluir e otimizar os parâmetros de processo para uma máquina de moldagem especial e os resultados mostram-nos a capacidade mais geral de gerar parâmetros de processo óptimos num modelo não linear como a máquina de moldagem apropriada para diminuir os custos de produção. O trabalho futuro deste artigo consiste em obter os resultados dos dados óptimos com Algoritmos Genéticos e todos os parâmetros associados através do processo de moldagem por injeção e execução em tempo real [14].

[C. Richard G. Helps, et-al] Atualmente, a apresentação da moldagem por injeção é tipicamente feita através da intuição do operador. O operador controla os pontos de ajuste da máquina com base na sua simpatia pelos efeitos de cada um dos controlos na qualidade das peças. Esta condição conduz a dificuldades importantes e a desvios na qualidade das peças e na consistência do processo. Uma melhoria do processo orientado pela intuição são as estratégias de controlo automatizadas orientadas pelos dados, que incluem as redes neurais artificiais (RNA) e a análise de regressão. Foi demonstrado que estes dois métodos fornecem feedback simultâneo, mas não são tão eficientes na previsão da qualidade das peças como os parâmetros detectados, calculados diretamente a partir do processo.

É concebível que seja uniformemente importante que estas técnicas se concentrem diretamente na qualidade da peça. Por outro lado, o SPC, que se supõe ser o melhoramento da intuição do operador, concentra-se nos parâmetros da máquina que são, na melhor das hipóteses, menos importantes para a qualidade da peça. Estas novas técnicas foram estabelecidas numa variedade de situações de moldagem por injeção. Aqui, os autores também utilizaram o sistema ANN para propor as configurações de controlo da máquina que devem ser utilizadas para uma nova peça que nunca foi preparada até ao momento. O esforço para este sistema analítico inclui informação relativa à geometria da peça nova e à técnica fácil [17].

2.2.5 . Questão: - Pressão da máquina de moldagem por injeção

[Heathe Havulicsek, 1999] apresenta o modelo de uma máquina industrial de moldagem por injeção (IMM) para estes dois processos através de um sistema hidráulico por meio de válvulas controladas eletronicamente. Um modelo não linear do sistema é procurado para as fases de enchimento e embalagem, sendo depois confirmado em oposição aos dados experimentais. O modelo contém alguns aspectos-chave da dinâmica real da máquina e das zonas mortas. O sistema é desenvolvido com o objetivo de controlo. Isto reflecte-se no nível de aspeto relacionado com alguns dos subsistemas. A simulação e o exame experimental apontam para as vantagens do sistema desenvolvido para a gestão de IMMs electro-hidráulicas. A investigação deste artigo apresenta um modelo de controlo de uma máquina de injeção industrial. As fases de empacotamento e enchimento do sistema são desenvolvidas individualmente, sendo a fase de empacotamento uma alteração da fase de enchimento. Os resultados das simulações são comparados com os resultados experimentais obtidos numa máquina industrial. A eficácia do modelo está próxima de ser uma boa orientação para o desenvolvimento do controlador. O controlador a ser implementado para este sistema é apresentado num artigo complementar (Havlicsek & Alleyne, 1999). O artigo refere que o modelo proposto é útil para a formação de parâmetros significativos a incorporar na conceção do controlo [13].

[A primeira aplicação de uma série polinomial é a apresentação do projeto de um controlador adaptativo para a regulação da velocidade de um aríete de uma máquina de moldagem por injeção, uma vez que este se baseia num modelo físico não linear que também descreve a fase de enchimento. A simplificação do modelo matemático de modo a que os parâmetros do sistema, juntamente com os estados do sistema, estejam essencialmente separados foi a primeira aplicação de séries polinomiais. Por conseguinte, os erros resultantes da aproximação são minimizados com a introdução de alguns termos de robustez na lei de controlo representativos dos efeitos residuais, pelo que é definida uma superfície deslizante e é proposto um controlador robusto que é auto-ajustável e também capaz de alcançar uma regulação de ponto de regulação elevada, em que os ganhos de controlo são ajustados através de um algoritmo adaptativo.

Assim, a propriedade de convergência do controlador adaptativo é comprovada no trabalho. Para concluir, são apresentadas simulações para avaliar o desempenho dos sistemas de controlo propostos.

[WeI Zhe ,et-al, 2006] apresentando um produto individual e de conceção única, o esquema de conceção da configuração é desenvolvido para realizar a lista técnica de conceção de uma máquina não normalizada e este esquema proposto baseia-se em instâncias. O objetivo deste método proposto é diminuir o trabalho redundante e melhorar o sistema de gestão da configuração" na Ningbo Haitian Ltd. Para partilhar a informação, o sistema é incorporado no método Kingdee K3, a fim de evitar a conceção incorrecta, reduzir o trabalho de configuração e repetir o trabalho ou a competitividade do mercado empresarial, a partilha de conhecimentos, a flutuação e a integração devem ser necessárias.

[Hongfu Zhon, 2000] Apresenta o método de controlo linear difuso para o modelo de controlo da temperatura na máquina de moldes de injeção. Basicamente, o sistema de controlo da temperatura é descrito como um sistema de primeira ordem que assenta na função de transferência e é semelhante a um sistema de atraso temporal. Para a fuzzificação, o sistema fuzzy de controlo da temperatura tem duas entradas e uma saída, utilizando uma função de associação trapezoidal. Utilizam o Simulink do Matlab para obter os melhores parâmetros possíveis no Simulink do Matlab e ficou provado que o método PID tem mais ultrapassagens do que o método fuzzy. O método de controlo difuso é o mais adequado ou viável para o controlo da temperatura na máquina de moldes de injeção.

[W.C.Chen et al 2008] Considerar alguns parâmetros como a pressão de velocidade, o tempo de injeção, a posição do interrutor, a velocidade de injeção e a pressão de embalagem como parâmetros de controlo do processo e o peso do produto como parâmetro de qualidade. Para a definição dos parâmetros do processo de fabrico, os métodos tradicionais, como a tentativa e erro ou o método de conceção de parâmetros de Taguchi, não são adequados para obter a melhor qualidade do produto e o melhor custo. Os resultados experimentais produzidos por este método são utilizados para testar e preparar a BPNN de forma eficiente. Depois disso, combina-se a BPNN com o DFP para encontrar o parâmetro final para um processo ótimo. No final, é efectuada a experiência de confirmação para verificar a eficácia dos parâmetros.

[Wel Zhe , et-al, 2006] Para produtos complicados, de conceção única e individual, o esquema de conceção da configuração é desenvolvido para realizar a lista técnica de conceção de máquinas não normalizadas e este esquema proposto baseia-se em instâncias. O objetivo deste método proposto é reduzir o trabalho redundante e melhorar o sistema de gestão da configuração" na Ningbo Haitian Ltd. Para partilhar a informação, o sistema é incorporado no método Kingdee K3, a fim de evitar a conceção incorrecta, reduzir o trabalho de configuração e repetir o trabalho ou a competitividade do mercado empresarial, a partilha de conhecimentos, a flutuação e a integração devem ser necessárias.

[Hongfu Zhon 2000] apresenta um método de controlo linear difuso para o modelo de controlo da temperatura na máquina de moldes de injeção. Basicamente, o sistema de controlo da temperatura é descrito como um sistema de primeira ordem baseado na função de transferência e é semelhante a um sistema de atraso temporal. Para a fuzzificação, o sistema fuzzy de controlo da temperatura tem duas entradas e uma saída, utilizando uma função de associação trapezoidal. Utilizam o Simulink do Matlab para obter os melhores parâmetros possíveis no Simulink do Matlab e ficou provado que o método PID tem mais ultrapassagens do que o método fuzzy. O método de controlo difuso é o mais adequado ou viável para o controlo da temperatura na máquina de moldes de injeção.

[Heathe Havulicsek, 1999] apresenta o modelo de uma máquina industrial de moldagem por injeção (IMM) para estas duas fases através de um sistema hidráulico por meio de válvulas controladas eletronicamente. Um modelo não linear do sistema é procurado para as fases de enchimento e embalagem, após o que é confirmado em oposição aos dados experimentais. O modelo contém alguns aspectos-chave da dinâmica real da máquina e das zonas mortas. O sistema é desenvolvido com o objetivo de controlo. Isto reflecte-se no nível de aspeto relacionado com alguns dos subsistemas. A simulação e o exame experimental apontam para as vantagens do sistema desenvolvido para a gestão de IMMs electro-hidráulicas. A investigação deste artigo apresenta um modelo de controlo de uma máquina de injeção industrial. As fases de empacotamento e enchimento do sistema são desenvolvidas individualmente, sendo a fase de empacotamento uma alteração da fase de enchimento. Os resultados das simulações são comparados com os resultados experimentais obtidos numa máquina industrial. A eficácia do modelo está próxima de ser uma boa orientação para o desenvolvimento do controlador. O controlador a ser implementado para este sistema é apresentado num artigo complementar (Havlicsek & Alleyne, 1999). O artigo indica que o modelo proposto é útil para a formação de parâmetros significativos a incorporar na conceção do controlo.

[B Ribeiro, 1999] Neste artigo, o autor descreve a tecnologia das redes neuronais e utiliza-a neste sistema de forma a que o primeiro passo seja a deteção de falhas no processo de moldagem por injeção. O passo seguinte é a implementação do sistema para a afinação automática das configurações da máquina.

Existem dois méritos principais: (i) a elevada consistência do processo e (ii) a rentabilidade devido à redução dos custos de produção, que são úteis para alcançar o objetivo do trabalho proposto.

2.3 ABORDAGEM DE SOLUÇÃO POR TEMAS

Issue 1:- Temperature control and setting point of injection molding machine			
S.No	Author (Year)	Approach	Result
1.	Tao Liu, Ke Yao, and Furong Gao[2009]	united control scheme based on the IMC structure	demonstrate the effectiveness
2.	Pablo Ayala Hernandez[2012]	Neural-Fuzzy	high process reliability, cost effective due to Reduction in productions costs.
3.	Makiko Kobayashi, Member, IEEE, Yuu Ono, Member, IEEE, Cheng-Kuei Jen, Senior Member, IEEE, and Chin-Chi Cheng[2006]	Sol-Gel Spray Technique	monitor the polymer injection molding process in real-time at the mold .
4.	Huailin Shu , Hua shu	Neural Network	perfect decoupling and self-learning control performances

5.	Seyed Kamaleddin Mousavi Mashhadi, Mehdi Zahiri Savzevar, Jamal Ghobadi Dizaj Yekan	Fuzzy Logic	Setting point by fuzzy logic Is 1.
ISSUE 2 :- Error Issue			
6	Bernardete Ribeiro, Member, IEEE	SVM	Increase the accuracy from fault 1 to fault 6
7.	Chris M. Seaman, Member, IEEE, Alan A. Desrochers, Senior Member, IEEE, and George F. List	PID	allowed to tune the controller on-line
8.	Thomas C. Bulgrin and Thomas H. Richards	modern control theory and software engineering techniques	better control the barrel temperature
9.	W.C. CHEN[1], M.W. WANG[2], G.L. FU[3], C.T. CHEN[4]	Taguchi's parameter design method, back-propagation neural networks (BPNN), and Davidon-Fletcher-Powell (DFP)	Average = 10.58 C_{pk}= 1.68
10.	Kiyoshi Ohishi, Koichi Kageyama, Shiro Urushihara	HORFO improvement technique	Estimate error = 2.01
ISSUE 3 :- Processing time injection molding machine			
11.	Jeen Lin and Ruey-Jing Lian	SOFC with Fuzzy Controller	high-pressure gas control in the GAIMCS
12.	Jung Hua Yang	adaptive control technique	Position trajectory tracking of injection ram
13.	Pablo Ayala Hernandez	Neural-Fuzzy	Optimizing injection molding parameters

			settings
14.	Jianming DU, Yixing LUO	Fuzzy-PID	Setting point of injection loding machine
ISSUE 4 :- Injection Molding machine Design			
15.	WEI Zhe, TAN Jianrong, FENG Yixiong	Machine design	wrong design, repeat work and data redundancy
16.	C. Richard G. Helps, A. Brent Strong	Artificial neural network	Machine control setting
17.	Engr. Syed Faiz Ahmed	Embedded system	Improve performance and productivity
18.	Jianming DU, Yixing LUO	Fuzzy-PID	Setting point of injection loding machine
19.	Zhilei Cui, Jine Wang	ARM controller	Injection pressure
20.	Shuang Chen, WuJun Lai	PID neural network, ARM controller	Better control effect
21.	Syu Iwasawa, Koichi Kageyama, Shiro Urushihara	Stribeck Model	estimation error
Issue 5:- Pressure of injection molding machine			
22.	Shuang Chen, WuJun Lai	Industrial Injection Molding Machine (IMM)	Pressure of injection molding machine

2.4 Pontos fortes e fracos do trabalho de investigação analisado

2.4.1 Força

> SVM para melhorar o desempenho da qualidade numa moldagem por injeção de plástico [1].

> A técnica SOL-GEL Spray para piezoeléctricos de alta temperatura e o seu processo de aplicação [2].

> Controlador Fuzzy para melhorar o desempenho da máquina de moldagem por injeção assistida por gás [3].

> O rastreio e a estimativa das perturbações térmicas são aplicados para melhorar o desempenho da máquina de moldagem por injeção [6].

> Conceção adaptativa não linear para o seguimento da trajetória de posição de cilindros de injeção [10].

> Técnica de rede neural para melhorar o desempenho dos parâmetros do processo [14].

> Binário de Reação observar usando sensor menos força para máquina de moldagem por injeção [21].

> O teste do ponto de ajuste e do relé é utilizado para melhorar o desempenho da estabilidade ou do tipo de integração do sistema de controlo [22].

> Lógica difusa para melhorar o desempenho do ponto de ajuste da máquina de moldagem por injeção [23].

1.4.2 . Fraqueza

> Funcionamento apenas para controlo da temperatura [4].

> Não há resultados para o controlo da temperatura e o ponto de regulação da máquina de moldagem por injeção [14].

> A técnica não aponta para o ponto de ajuste da máquina de moldagem por injeção [19].

> A técnica está a ser utilizada para a rede neural PID, mas a saída não está a apontar para o ponto de regulação [28].

> Com a utilização da lógica difusa, o ponto de regulação é fixado em 1. Podemos reduzir este tempo [29].

1.5 DECLARAÇÃO DO PROBLEMA

A aplicação da lógica Fuzzy que implica os rolos de associação e até mesmo os regulamentos são aplicados, os sinais neurais mais aplicados e as redes que possuem as informações de treinamento na obtenção da equação neural usada para testar dados. Nos anos anteriores, o trabalho é publicado apenas em PID, Fuzzy e duplo Fuzzy. O controlador PID está a ser utilizado para reduzir o ponto de regulação. O controlador PID está a ser utilizado para reduzir o ponto de regulação. Por isso, o controlador PID está a dar um overshoot de 1,5. Com a alteração das regras, obtém-se um melhor ponto de regulação. Depois de aplicar a lógica difusa, o ponto de regulação sobe para 1,0. Depois de alterar as regras da lógica difusa, obtém-se um ponto de regulação mais adequado a partir do precioso ponto de regulação que ultrapassa 1,0. Depois de aplicar o PID, conceber o modelo para controlar a tolerância da temperatura. À medida que os valores da temperatura sobem a partir dos 7 graus, geram um valor negativo e, à medida que o valor desce a partir dos 4 graus, geram um valor positivo. Está a gerir a tolerância da temperatura da máquina de moldagem por injeção.

1.6 OBJECTIVO

O parafuso de plastificação que gira e cisalha com o plástico gera energia que é a principal fonte de fusão do plástico. A velocidade de rotação do parafuso de plastificação pode determinar a qualidade da ação de fusão do plástico. Por conseguinte, o parafuso de plastificação deve ser controlado com precisão e rodar de forma constante à velocidade definida. O método tradicional de controlo PID tem sido amplamente utilizado, mas o modelo exato do objeto controlado deve ser conhecido em primeiro lugar. O controlador PID gere o sistema de acordo com os parâmetros de regulação Proporcional, Integral e Diferencial, mas o mecanismo de fusão do plástico é tão complicado e variável que o modelo do sistema não pode ser descrito facilmente. Por conseguinte, o método de controlo Fuzzy-PID é selecionado para controlar a rotação do parafuso de plastificação. O controlador Fuzzy-PID não só tem as vantagens do método de controlo PID tradicional, como também tem uma pequena ultrapassagem e uma resposta rápida e, além disso, não é necessário conhecer o modelo exato do objeto controlado [3]. O modelo do mecanismo de fusão de plástico baseado na máquina de moldagem por injeção PT160 do Grupo L.K. foi estabelecido no ambiente Simulink do Matlab. As simulações dinâmicas do mecanismo de fusão de plásticos foram realizadas utilizando o método de controlo PID e Fuzzy-PID, e os resultados da simulação foram analisados.

O tempo de regulação da máquina de moldagem por indução é demasiado elevado. Para o controlador PID, o valor do tempo de regulação é 1,5. Quando utilizamos a lógica difusa, o valor do tempo de regulação é 1. O tempo de regulação é mais importante para a máquina de moldagem por injeção. À medida que o tempo de regulação aumenta, a estabilidade da máquina diminui. Depois de aplicar o PID difuso, o tempo de regulação baixa devido à lógica difusa. Depois de aplicar o PID e a lógica difusa, o tempo de regulação passa para 0,75. Estamos a trabalhar no domínio principal do tempo de regulação da máquina de moldagem por injeção. Reduziremos o tempo de configuração de 0,75.

Capítulo 3
ASPECTOS TEÓRICOS DO TRABALHO ORIENTADO

Lógica difusa

Para o controlo da temperatura da máquina de moldagem por injeção, o controlador PID é utilizado para controlar a temperatura da máquina de moldagem por injeção. Para controlar a temperatura e a estabilidade da máquina de moldagem por injeção, podemos utilizar três tipos de metodologia

1:- Controlador PID

2:- Lógica difusa

3:- Rede Neural

Controlador PID

O controlador PID é utilizado para controlar a temperatura do dispositivo, de modo a que a máquina possa funcionar a uma temperatura fixa sem qualquer tolerância. No controlador PID temos de colocar o ganho para que os gráficos da estabilidade e do controlo da temperatura possam ser melhorados. À medida que o ganho do controlador PID vai aumentando, o valor e os gráficos da estabilidade e do controlo da temperatura vão aumentando. Temos de aplicar o controlador PID entre a resposta ao degrau e a função de transferência para melhorar o desempenho. No controlador PID, quando reduzimos o valor do ganho para zero, a factualidade do controlador altera-se. No projeto, a função de transferência é a mesma, de acordo com o documento de referência, mas podemos alterar o ganho do controlador PID para obter a saída desejada. A tolerância da temperatura é um ponto importante na máquina de moldagem por injeção. À medida que a temperatura varia, o valor da temperatura de saída varia numa única gama, pelo que temos de reduzir a tolerância. Nas máquinas, se tivermos de eliminar o erro, temos de ter uma mente artificial, que pode avaliar o erro e resolver o erro. Assim, quando o controlador PID é aplicado, o valor da tolerância de temperatura baixa, mas devido ao facto de a análise não ser perfeita, o erro não se reduz completamente, reduz-se apenas em termos normais. A estabilidade do sistema também não é melhorada de acordo com o desejado. Por isso, para melhorar o desempenho e a estabilidade, temos de introduzir a lógica difusa.

Lógica difusa

A lógica difusa é basicamente utilizada para controlar o erro de saída e a estabilidade através da utilização de um conjunto de instruções. Temos de aplicar regras lógicas difusas diferentes para que a saída possa estar dentro do intervalo desejado. Substituímos o controlador PID pela lógica difusa para melhorar o desempenho do sistema. No controlador PID, controlávamos a saída de acordo com o controlo dos ganhos. Mas na lógica difusa temos de melhorar o desempenho produzindo as diferentes regras. Depois de produzir as regras, o sistema fica mais estável porque damos a condição de saída para uma entrada perfeita e fixa. No controlador PID, à medida que o ganho muda na forma analógica, a saída também muda na forma analógica. Mas, na lógica difusa, quando a condição se verifica, a saída verifica-se. Concebemos as regras para as diferentes condições de nível. A estabilidade está a ser melhorada pelo controlador PID e a tolerância para o controlo da temperatura também está a melhorar e a temperatura está a chegar a um intervalo próximo.

Rede Neural:-

A rede neural é

3.1 PROJECTO DE CONTROLADOR PID PARA MÁQUINA DE MOLDAGEM POR INJECÇÃO

A máquina de moldagem por injeção para o ponto de regulação do controlo é concebida pelo controlador PID. Os parâmetros da tabela 1 do controlador PID são projectados.

Kp	3.5
Ki	0.5
Kd	1
S	1
Output Limit	[100 -100]
Output Initial Value	0
Sample Time	0.5

Tabela 3.1:- Projeto do controlador PID

O valor de Kp Para projetar o controlador PID, temos de projetar parâmetros para os coeficientes do numerador e do denominador de acordo com a tabela número 2. Os valores de Kp, Ki e Kd são projectados de acordo com o documento de referência [29]. Temos de mostrar a forma de onda de saída de acordo com o documento de referência, por isso alteramos os valores de Kp, Ki e Kd e tomamos apenas os valores em que o nosso gráfico de saída segue o gráfico do documento de referência. À medida que aumentamos o valor de Kp, o overshoot aumenta. Não podemos dar zero a qualquer ganho, porque quando damos o valor de qualquer ganho entre Kp, Ki, Kd, então não funcionará para o controlador PID.

Numerator Coefficient	0.92
Denominator Coefficient	[144 1]

Tabela 3.2:- Função de transferência

O valor do numerador é 0,92 para a função de transferência. Apenas tomamos este valor porque no documento de referência [29] o valor da constante K é definido como 0,92.
A função de transferência é

$$G(s) = \frac{ke^{-\tau s}}{Ts+1}$$

K= Representa o ganho

T= constante de tempo

$$G(s) = \frac{0.92\, e^{-\tau s}}{144s+1}$$

De acordo com o documento de referência, k= 0,92 e a constante de tempo é 144.

O bloco seguinte diz respeito ao atraso de transporte. Para projetar o atraso de transporte, as entradas são dadas de acordo com a tabela 3

Time Delay	1
Initial Output	0
Initial Buffer Size	1024

Quadro 3.3:- Atraso no transporte

3.2 CONCEPÇÃO DE LÓGICA DIFUSA PARA MÁQUINA DE MOLDAGEM POR INJECÇÃO

Para a conceção da máquina de moldagem por injeção com lógica difusa, aplica-se a lógica difusa.

A lógica difusa é projetada de acordo com a tabela 3.4.

FIS Matrix	My_fis1
Refresh Rate	2

Tabela 3.4:- Conceção da lógica difusa

Para o projeto, o coeficiente do numerador da função de transferência é 1, o coeficiente do denominador é [144

1] Para o projeto, o atraso de transporte é 1, a saída inicial é 0 e o tamanho inicial da memória intermédia é 1024

3.3 PROJECTO DE CONTROLADOR PID PARA MÁQUINA DE MOLDAGEM POR INJECÇÃO DE CONTROLO DE TEMPERATURA

Para a conceção, a constante do valor do contacto é de -4,9 a 4,9 e a taxa de amostragem é inf. Agora concebemos o interrutor para alterar os valores do interrutor.

Proportional gain(Kp)	3.5
Integral Gain(Ki)	0.5
Derivative Gain(Kd)	1
Time constant for Derivative (s)	1
Output limit [upper lower]	[100 100]
Output Initial value	0
Sample time	0.5

Tabela 3.5:- Controlador PID para a conceção do controlo da temperatura

Como já discutimos, o valor de Kp, Ki, Kd é definido de acordo com o gráfico de saída. Queremos que o gráfico de saída seja igual ao gráfico de saída do papel de referência. Para obter o gráfico, definimos os valores de Kp, KI, Kd. A função de transferência é concebida pelo coeficiente 1 do numerador, pelo coeficiente do denominador [144 1]. Para conceber o ganho, utilizamos o ganho de 30 e a taxa de amostragem é -1. Para o cálculo da amplitude da onda sinusoidal 5, a polarização é 0 e a frequência (rad/seg.) é 0,1.

3.4 PROJECTO DE CONTROLO DE TEMPERATURA POR LÓGICA DIFUSA

Para conceber o controlo da temperatura, em primeiro lugar temos de utilizar a lógica difusa e o nome é temp, a taxa de atualização é 2. O ganho é concebido em 10 e a taxa de amostragem em -1.

A função de transferência é concebida de acordo com a tabela 3.6.

Numerator Coefficients	[1]
Denominator Coefficient	[144 1]

Tabela 3.6:- Função de transferência

Para conceber a função de transferência do bloco de controlo da temperatura, o valor do ganho K é 1. Foi retirado do documento de referência [29].

Capítulo 4
CONCEPÇÃO E IMPLEMENTAÇÃO DO SISTEMA

4.1 IMPLEMENTAÇÃO

A ação de fusão de plástico tem as caraterísticas de baixa velocidade e binário elevado. Foi criado o modelo de fusão de plástico da máquina de moldagem por injeção PT160 produzida pelo Grupo L-K. O motor hidráulico foi substituído pelo PMSM e o veio do motor liga-se diretamente ao parafuso através da utilização do veio estriado.

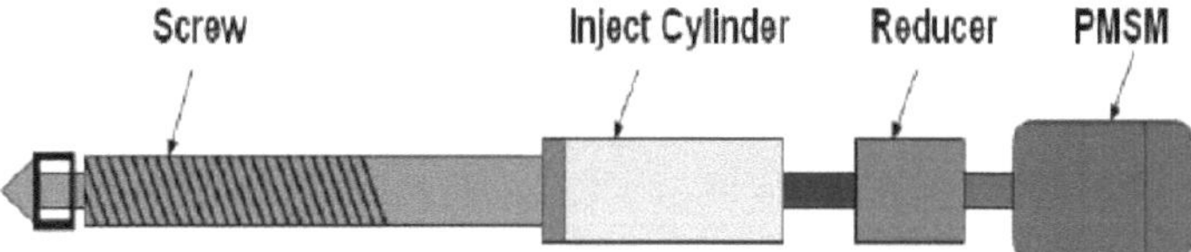

Figura 4.1:- Diagrama esquemático do mecanismo de fusão dos plásticos

Em relação à saída gerada no bloco de sinal neural e mesmo no bloco de lógica difusa, denota-se que a função de transferência é normalmente escolhida principalmente para realizar os aspectos importantes selecionados e para atingir efetivamente o estado necessário em relação à ação de saída transitória. Quando utilizamos o projeto PID fuzzy, o tempo de regulação é reduzido de 300 segundos para 60 segundos, o que significa que o overshoot é reduzido em 0,06.

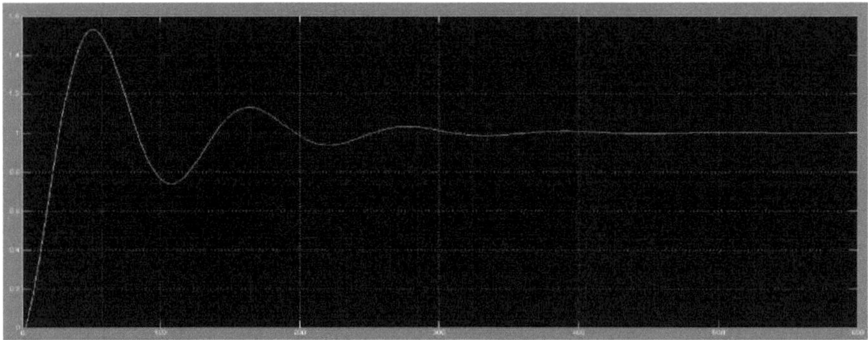

Fig 4.2:- Os meus gráficos de pontos de regulação difusos

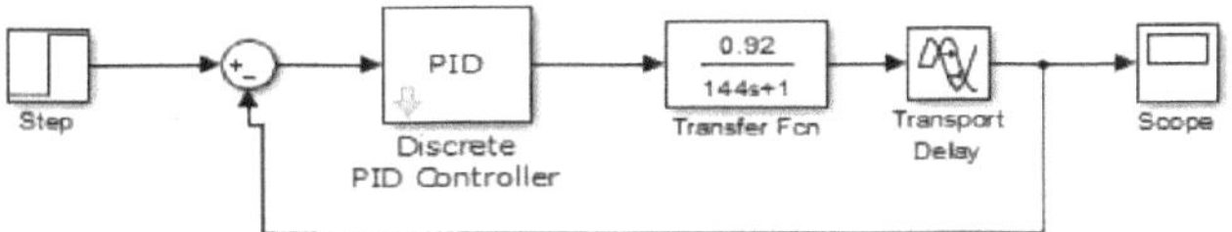

Fig 4.3:- Modelo de conceção

O ponto de regulação do PID é muito elevado, o que constitui o principal problema. Para a conceção do modelo da figura 4.3, temos de utilizar o controlador PID. O controlador PID foi utilizado no início para determinar o ponto de regulação da máquina de fusão por injeção.

Os valores da função de transferência são retirados do documento de referência. Limitamo-nos a implementar o projeto do documento de referência [29]. As funções de transferência do numerador e do denominador são retiradas do documento de referência [29].

Quando aplicamos a lógica difusa à máquina de moldagem por injeção, a ultrapassagem do ponto de regulação diminui um pouco. O tempo de ultrapassagem diminui de 1,5 para 1,0. Mas, mesmo assim, o ponto de regulação é demasiado elevado e não satura num tempo mínimo e baixo.

Fig. 4.4: - Gráfico do tempo de regulação através da lógica difusa

O ponto de regulação do PID difuso é baixo em relação ao modelo de projeto da figura 4.5. A ultrapassagem diminui de 1 para 0,75 a partir do modelo de projeto da figura 6.

Fig:- 4.5 Tempo de ajuste para PID fuzzy

O parafuso de plastificação que gira e cisalha com o plástico gera energia que é a principal fonte de fusão do plástico. A velocidade de rotação do parafuso de plastificação pode determinar a qualidade da ação de fusão do plástico. Por conseguinte, o parafuso de plastificação deve ser controlado com precisão e rodar de forma constante à velocidade definida. O método tradicional de controlo PID tem sido amplamente utilizado, mas o modelo exato do objeto controlado deve ser conhecido em primeiro lugar. O controlador PID gere o sistema de acordo com os parâmetros de regulação Proporcional, Integral e Diferencial, mas o mecanismo de fusão do plástico é tão complicado e variável que o modelo do sistema não pode ser descrito facilmente. Por conseguinte, o método de controlo Fuzzy-PID é selecionado para controlar a rotação do parafuso de plastificação. O controlador Fuzzy-PID não só tem as vantagens do método de controlo PID tradicional, como também tem uma pequena ultrapassagem e uma resposta rápida e, além disso, não é necessário conhecer o modelo exato do objeto controlado [3]. O modelo do mecanismo de fusão de plástico baseado na máquina de moldagem por injeção PT160 do Grupo L.K. foi estabelecido no ambiente Simulink do Matlab. As simulações dinâmicas do mecanismo de fusão de plásticos foram realizadas utilizando o método de controlo PID e Fuzzy-PID, e os resultados da simulação foram analisados.

O tempo de regulação da máquina de moldagem por indução é demasiado elevado. Para o controlador PID, o valor do tempo de regulação é 1,5. Quando utilizamos a lógica difusa, o valor do tempo de regulação é 1. O tempo de regulação é mais importante para a máquina de moldagem por injeção. À medida que o tempo de regulação aumenta, a estabilidade da máquina diminui. Depois de aplicar o PID difuso, o tempo de regulação baixa devido à lógica difusa. Depois de aplicar o PID e a lógica difusa, o tempo de regulação passa para 0,75. Estamos a trabalhar no domínio principal do tempo de regulação da máquina de moldagem por injeção. Reduziremos o tempo de configuração de 0,75.

Neste aspeto particular aplica-se a aplicação da lógica Fuzzy que implica os Membership rolls e até as regulações, os sinais neurais mais aplicados e as redes que possuem a informação de Treino na obtenção da equação neural utilizada para Testar dados.

Vamos aplicar a Rede Neuronal para melhorar o desempenho do tempo de configuração. Depois de aplicar a rede neural, o tempo de configuração será reduzido. Reduziremos de 0,75, que foi o último resultado atualizado e mais recente para o tempo de configuração.

4.1.1 CONTROLADOR PID

Quando utilizamos o controlador PID, a ultrapassagem do tempo de regulação sobe para 1,5. Como o número da figura

4.6 apresenta o gráfico da ultrapassagem do tempo de regulação.

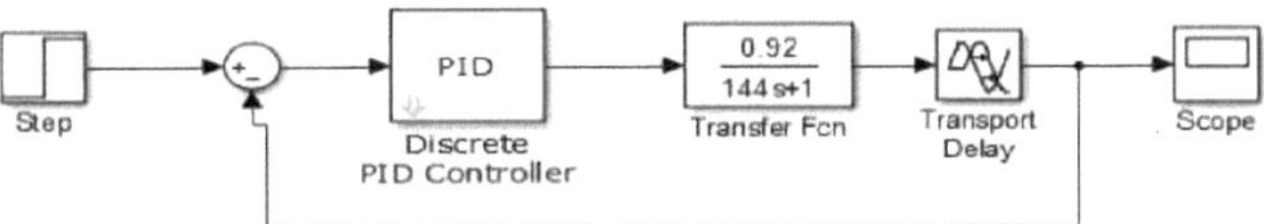

Figura 4.5:- Modelo de projeto do controlador PID

Para o projeto da função de transferência, tomámos os coeficientes do numerador 0,92 e do denominador [144s + 1]. Os valores da função de transferência são retirados do documento de referência [29].

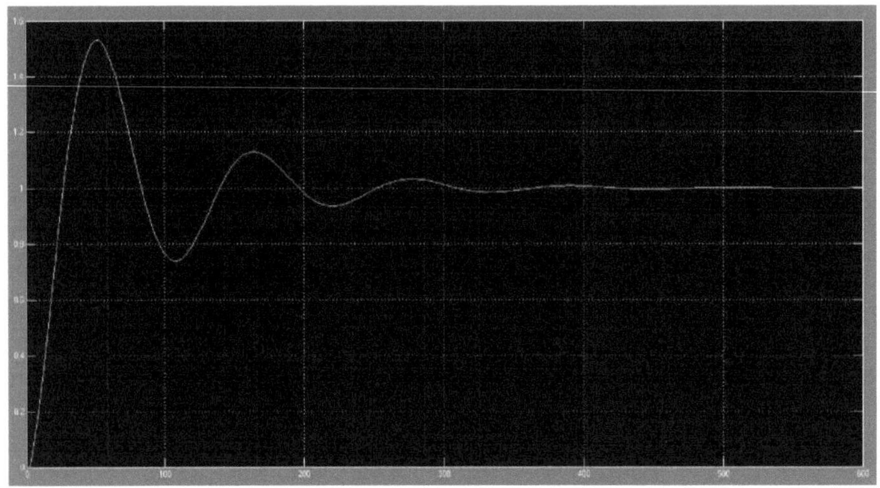

Figura 4.6:- Gráfico do tempo de regulação do controlador PID

4.1.2 PROJECTO DE CONTROLADOR DE TEMPERATURA UTILIZANDO UM INTERRUPTOR

Para controlar a temperatura do forno, utiliza-se um Trisotr (sensor). A temperatura desejada do forno é de 5 graus para a máquina de moldagem por injeção. Mas devido a alguma adição de ruído, adoptamos o intervalo de temperatura de 0 a 10. Depois de adicionar o ruído, a função de entrada será perturbada, pelo que a função de saída também será perturbada. A amplitude da onda é de 5 graus e a frequência é de 0,1 rad/seg. No forno, quando a temperatura ultrapassa os 5 graus, o controlador de temperatura introduz um valor negativo que diminui a temperatura e vice-versa. Quando a temperatura diminui a partir dos 5 graus, o controlador de temperatura dá o valor positivo que aumenta a temperatura.

4.1.3 Controlador PID

Para controlar a temperatura do forno, temos de utilizar o controlador PID para controlar a precisão da temperatura do forno, como se mostra na imagem 4.7. A temperatura do forno varia entre 3,3 e 6,8. Isto significa que temos uma tolerância de 1,8 graus. Podemos reduzir a taxa de tolerância da temperatura utilizando a lógica difusa. Quando o valor da temperatura do forno é superior a 7, geram-se valores negativos e, quando a temperatura é inferior a 4, o valor torna-se positivo, como mostra a imagem 4.8. O valor da constante é definido no documento de referência [29], pelo que, de acordo com esse documento, definimos o valor da constante   .

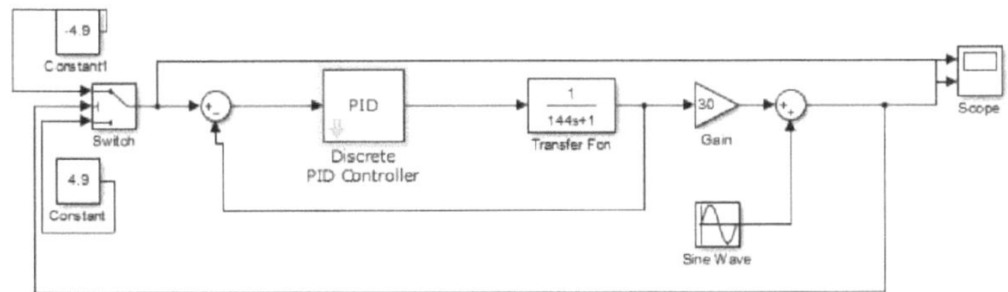

Figura 4.7:- Controlo da temperatura do forno por controlador PID

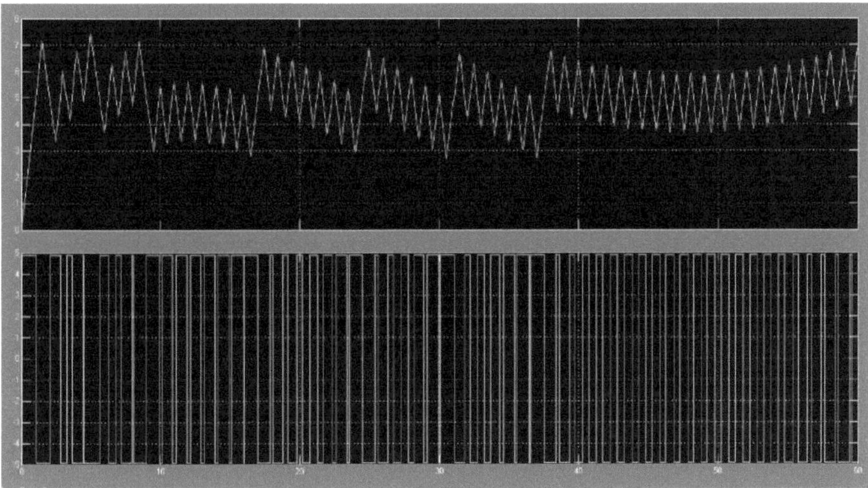

Figura 4.8:- Forma de onda de controlo da temperatura do forno para o controlador PID

4.1.4 CONCEPÇÃO DA LÓGICA DIFUSA

A conceção do controlador lógico difuso permite reduzir o tempo de regulação. As regras da lógica difusa são apresentadas na figura 4.9.

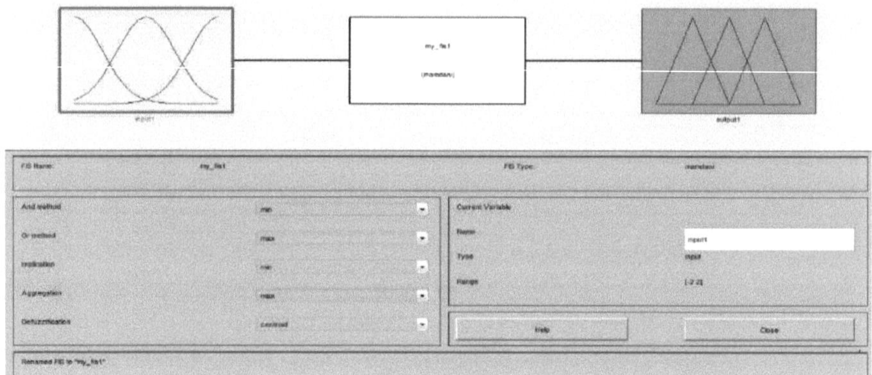

Figura 4.9:- Ficheiro de regras de lógica difusa

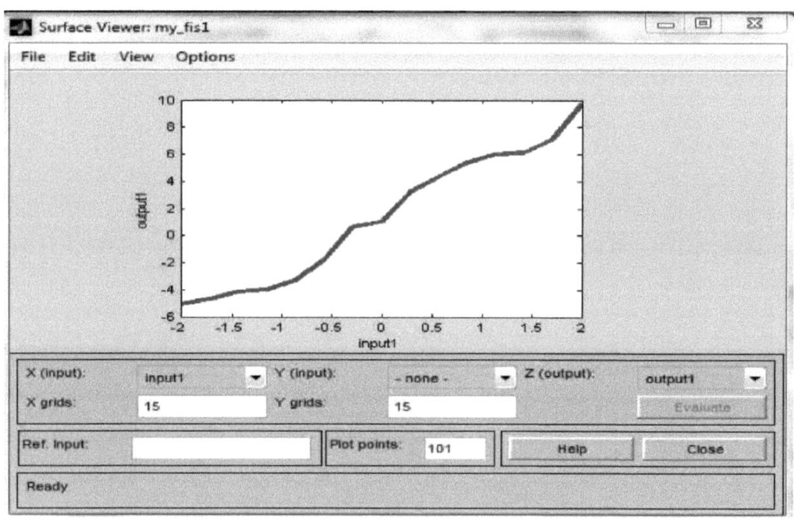

Figura 4.10:- Gráfico de vista de superfície para o ficheiro de regras de lógica difusa

A imagem 4.10 mostra o gráfico de entrada e saída do ficheiro de regras difusas. A Figura 4.11 mostra o modelo da máquina de moldagem por injeção utilizando a lógica difusa. Utilizamos o bloco fuzzy para conceber o ficheiro de regras fuzzy e depois a função de transferência. O osciloscópio ajuda a gerar a forma de onda.

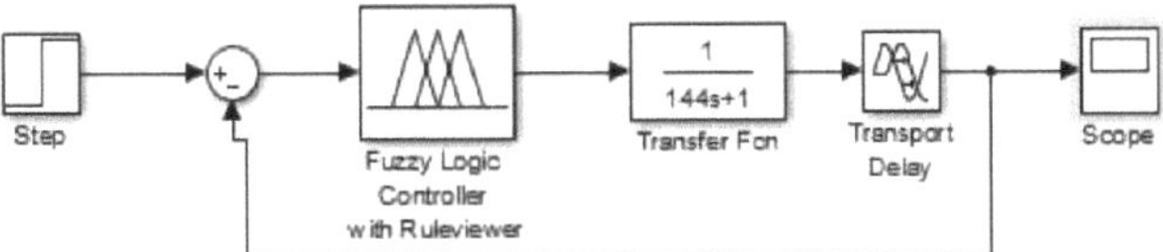

Figura 4.11:- Diagrama de blocos do modelo de conceção de base lógica difusa

De acordo com o ficheiro de conceção da lógica difusa, o excesso sobe para 1,0. Com o controlador PID, a ultrapassagem sobe para 1,5. Isso significa que, atualmente, o tempo de definição do excesso é reduzido em 0,5. O numerador do valor da função de transferência é 1 e o valor do denominador é [144s +1], tal como definido no documento de referência [29].

Figura 4.12:- Gráficos de ultrapassagem do ponto de regulação para a conceção da lógica difusa

A segunda vantagem da lógica difusa é o facto de a máquina ficar estável num período de tempo muito curto. No controlador PID, a máquina fica estável, mas isso acontece após um longo período de tempo. A figura 4.13 mostra que a máquina está a ficar estável a 400 e, antes disso, era instável.

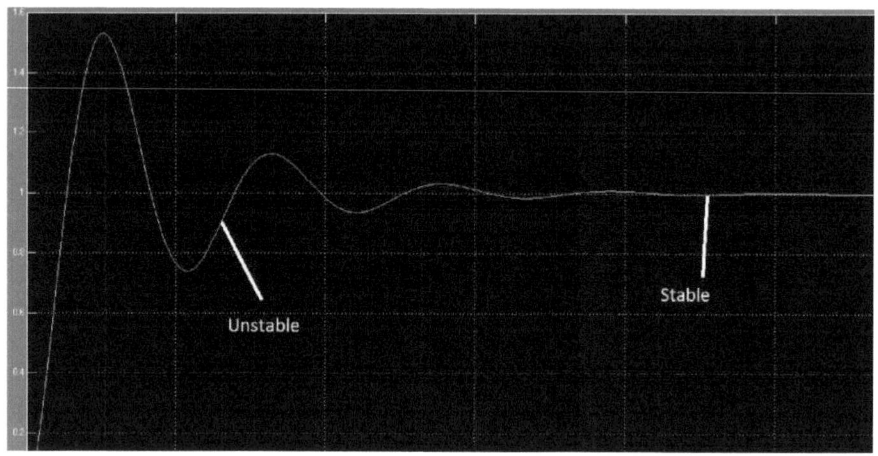

Figura 4.13:- Gráfico de estabilidade do controlador PID

4.1.5 FUNÇÃO DE ENTRADA DA REGRA FUZZY

Em comparação com o ficheiro de conceção da lógica difusa, a máquina fica estável em pouco tempo, em comparação com o controlador PID.

Very negativ	VN
Low negativ	LN
zero	Z
Low positiv	LP
Very positiv	VP

Tabela 4.1:- Funções de afiliação de entradas/saídas

Para conceber o ficheiro de regras da lógica difusa, a entrada é retirada do intervalo [-2 a 2], de acordo com a figura 4.14

Muito nativo é definido em -2 pontos. O valor baixo nativo é fixado em -1,25, enquanto o valor zero é fixado em 0. Para o valor positivo, o valor baixo positivo é fixado em 1 e o valor muito positivo é fixado em 2. Os valores do sistema lógico difuso são concebidos de acordo com o documento de referência [29].

56

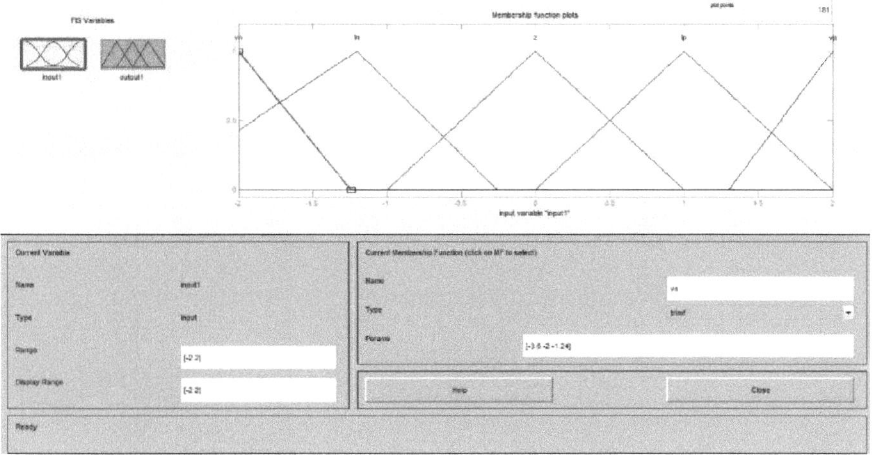

Figura 4.14:- Ficheiro de regras de lógica difusa de entrada para sem PID Fuzzy

1.1.6 FUNÇÃO DE SAÍDA DA REGRA FUZZY

Para o ficheiro de regras fuzzy de saída, o intervalo é [-9 a 11], de acordo com a figura 4.12. Muito nativo é definido em -9, enquanto pouco nativo é definido em -4. O valor zero é definido como 1, enquanto o valor positivo baixo é definido como 6 e o valor muito positivo é definido como 11, de acordo com a figura 4.14. A vista de superfície mostra um gráfico linear para a função de entrada e saída. À medida que a entrada aumenta, a saída aumenta, como mostra o gráfico linear da figura 4.15.

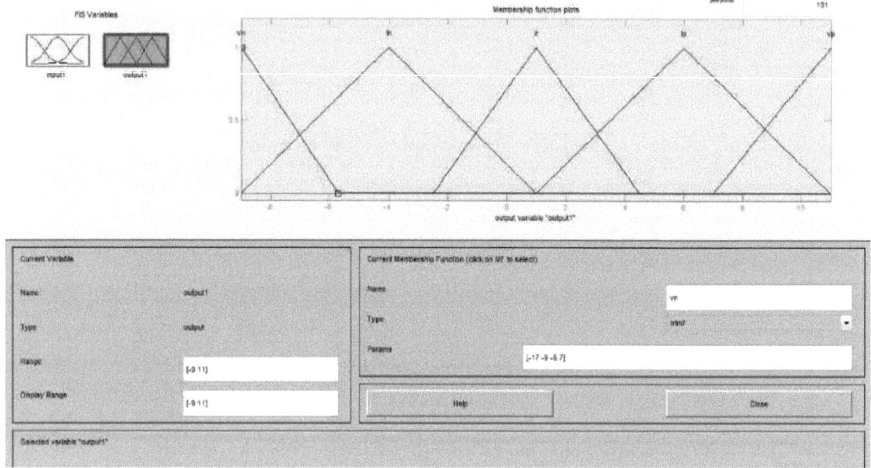

Figura 4.14:- Ficheiro de regras fuzzy de saída

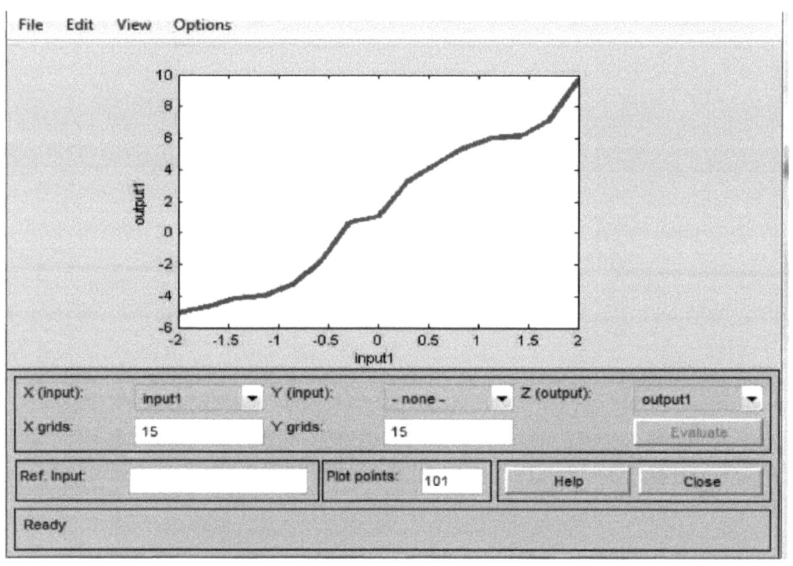

Figura4.15:- Gráficos de ficheiros de regras de lógica difusa de entrada/saída

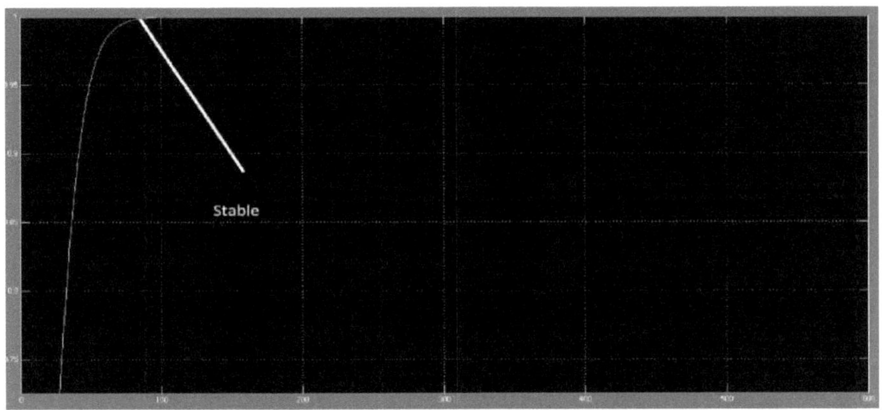

Figura 4.16:- Estabilidade da lógica difusa após aplicação da lógica difusa

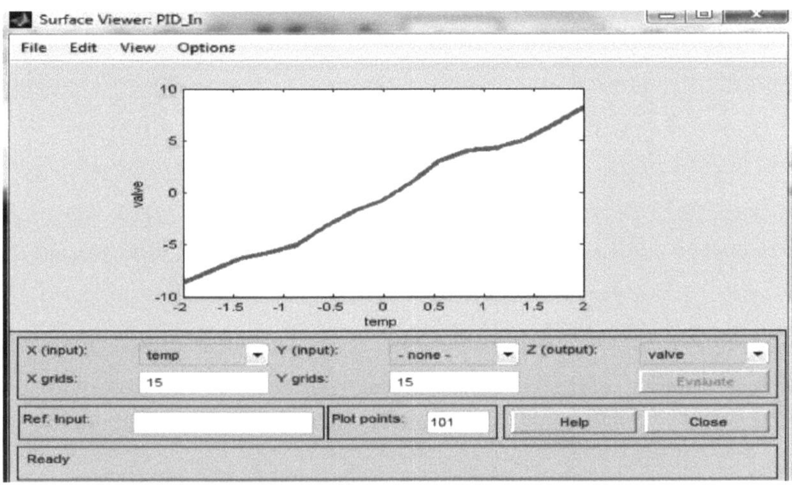

Figura 4.17:- Vista de superfície da regra lógica difusa PID

A Figura 4.16 mostra que, à medida que a temperatura aumenta, o valor também aumenta. O intervalo da entrada é [-2 a 2] e o intervalo do valor é [10 a 10]. Neste gráfico, a temperatura é a entrada e os valores são a saída.

1.1.7 IMPLEMENTAÇÃO PID FUZZY

O PID e o fuzzy estão a dar resultados diferentes em termos de ponto de regulação. Agora, se fundirmos ambos, a saída do ponto de regulação pode ser reduzida, como se mostra na imagem 4.16. Para o PID difuso, temos de conceber o ficheiro de regras com as funções de entrada e saída dos gráficos. O intervalo da entrada é [-2 a 2]. Muito nativo é definido em -2 pontos. Para o positivo, o positivo baixo é definido em 1 e o muito positivo é definido em 2.

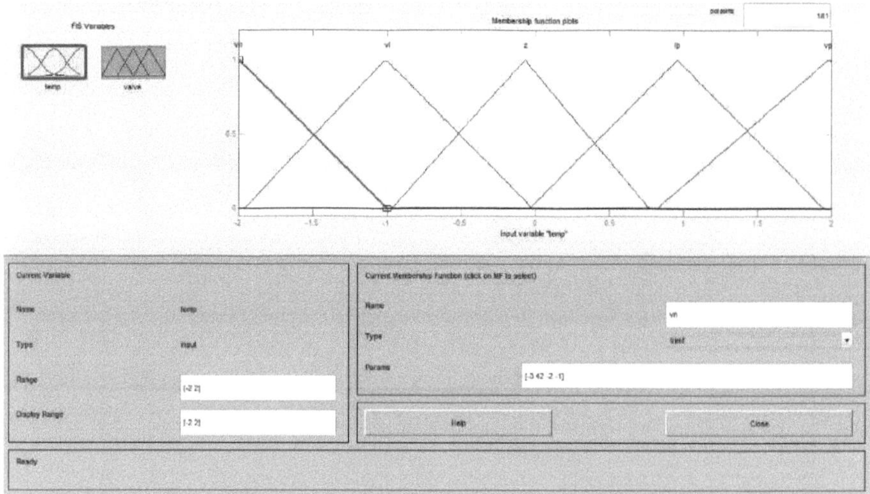

Figura 4.18:- Ficheiro de regras difusas para a entrada do PID Fuzzy

O intervalo de saída é [-10 a 10]. Muito nativo é definido em -10 enquanto que pouco nativo é definido em -5,423. O zero é fixado em -1,03, enquanto o positivo baixo é fixado em 4,048 e o muito positivo é fixado em 9,997, de acordo com a figura 4.10. Os gráficos de entrada e saída são lineares. Como a entrada está a aumentar, a saída também está a aumentar. Assim, está a criar um gráfico linear, como mostra a imagem 4.20.

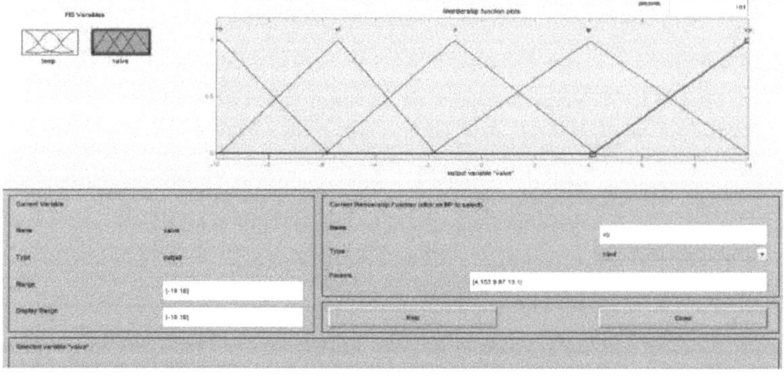

Figura 4.19 Ficheiro de saída da regra fuzzy para PID fuzzy

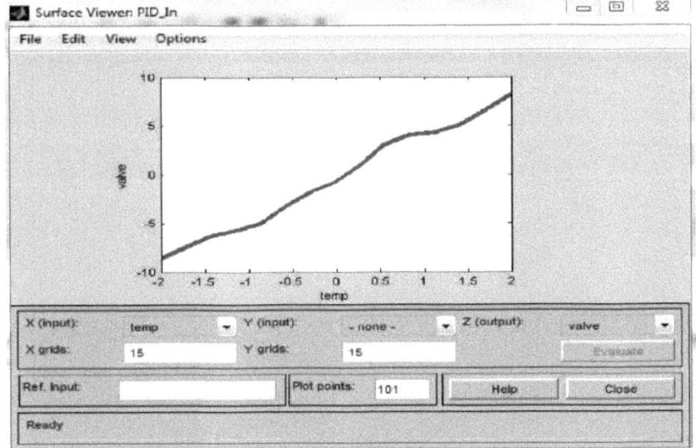

Figura 4.20:- Gráfico de entrada e saída para PID fuzzy

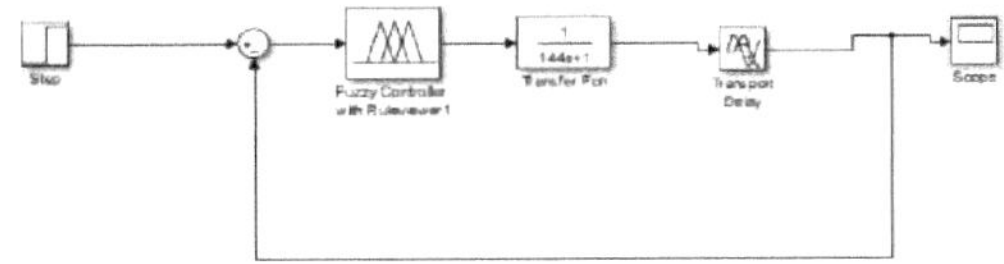

Figura 4.21:- Diagrama de blocos para PID fuzzy

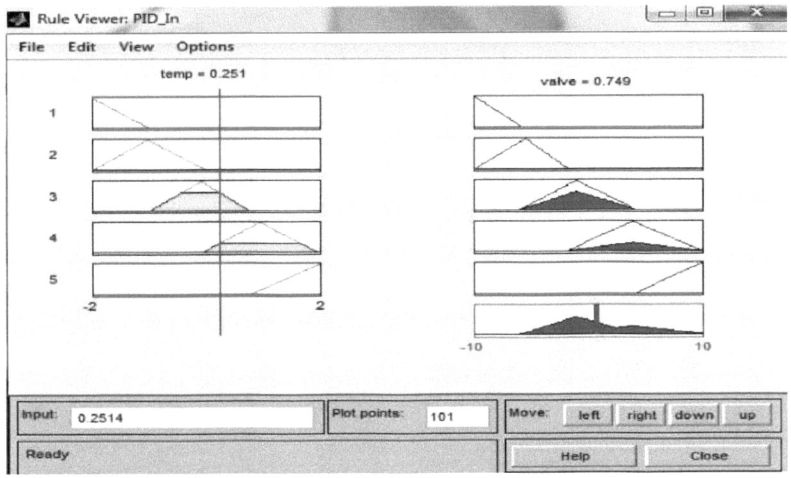

Figura 4.22:- Ficheiro de regras fuzzy para o PID fuzzy

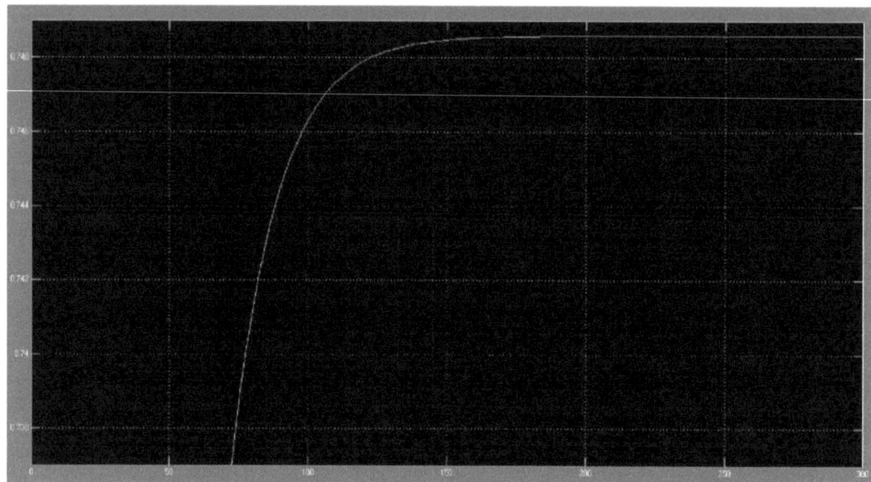

Figura 4.23:- Gráficos de pontos de regulação por PID fuzzy

De acordo com a Figura 4.23, o ponto de regulação está a ser definido em 0,75. Também é estável depois de obter o valor do ponto de regulação. É melhor do que as regras de lógica PID e Fuzzy. O valor da função de transferência é definido no documento de referência [29]. O modelo completo é obtido a partir desse documento.

1.1.8 CONTROLO DA TEMPERATURA DO FORNO

Quando utilizamos a lógica difusa, o valor aproxima-se dos 5 graus e não dá a tolerância de 1,8 graus. A imagem 4.24 mostra o resultado da temperatura do forno. A tolerância é reduzida até 0,2.

Figura 4.24:- Controlo da temperatura do forno por lógica difusa

62

4.2 REDE NEURAL

No domínio da aprendizagem automática e das ciências cognitivas, as RNA (redes neuronais artificiais) são um grupo de algoritmos estatísticos de aprendizagem familiar inspirados nas redes neuronais biológicas (o sistema nervoso central dos animais, em relação ao cérebro) e que se destinam a estimar funções aproximadas que podem depender de um grande número de entradas e que são desconhecidas em geral.

Por exemplo, uma rede neuronal para reconhecimento de escrita é a entrada de uma imagem. Depois de serem medidas e transformadas por uma função (determinada pelo criador da rede), estas activações dos neurónios até que um neurónio de saída seja ativado. Isto permite determinar a programação baseada em princípios comuns, que inclui a visão por computador e o reconhecimento da fala.

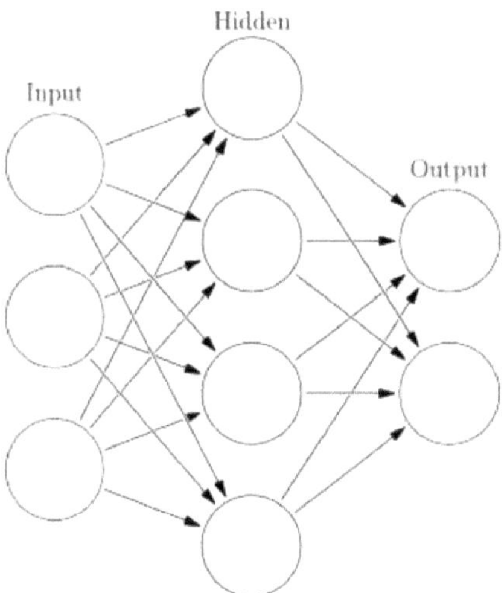

Figura 4.25:- Rede neural

Uma rede neural artificial é um grupo de nós ligados entre si, semelhante à enorme rede de neurónios de um cérebro. A análise do sistema nervoso central humano inspirou o tema das redes neuronais. Em geral, na Rede Neuronal Artificial, os nós artificiais normais, interligados entre si, criam uma rede que se trata. No entanto, um grupo de modelos estatísticos pode geralmente ser designado por "Neural" se possuir as seguintes caraterísticas

1. Existe com conjuntos de medidas adaptativas, ou seja, os valores numéricos em termos de parâmetros são definidos por um algoritmo de aprendizagem, e

2. são suficientemente capazes de aproximar funções não lineares das entradas.

Durante o treino e a previsão, os pontos fortes da ligação concetual entre os neurónios que são activados são designados por pesos adaptativos

4.3 METODOLOGIA PROPOSTA
4.3.1 IMPLEMENTAÇÃO DA REDE NEURAL

Aplicamos a rede neural à máquina de moldagem por injeção. Desta forma, obtemos uma ultrapassagem do ponto de regulação a 0,27. Para conceber a rede neural, temos de indicar os valores dos parâmetros.

Coast horizon	3
Control Horizon	2
Control Wighting Factor	0.05
Search Parameter	0.001

Tabela 2:- Parâmetros do Controlo Preditivo por Rede Neural

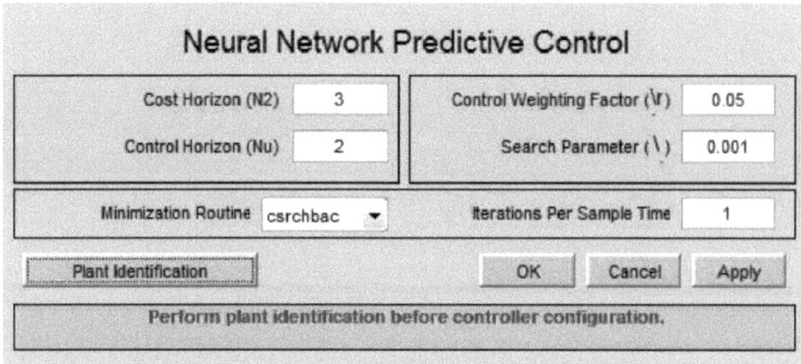

Figura 4.26:- Controlo preditivo por rede neuronal

Size of hidden layers	7
Sampling interval (sec)	0.2
Number of delay plant input	2
Number of delay plant output	8000
Training sample	4
Maximum plant input	23
Maximum plant output	20

Minimum interval value	5
Training Epochs	200

Quadro 3:- Identificação das plantas

De acordo com o quadro número 3, temos de utilizar todos estes parâmetros para conceber a rede neuronal. Para conceber a rede neuronal, temos de utilizar estes parâmetros. A função de transferência utiliza 1/ (1444s+1). Para a função de transferência do projeto, utilizamos os parâmetros da tabela número 4.

Numerator Coefficient	1
Denominator coefficient	[144 1]
Absolute tolerance	Auto

Tabela 4:- Função de transferência

Time delay	1
Initial Output	0
Initial Buffer size	10

Quadro 5:- Conceção do atraso do transporte

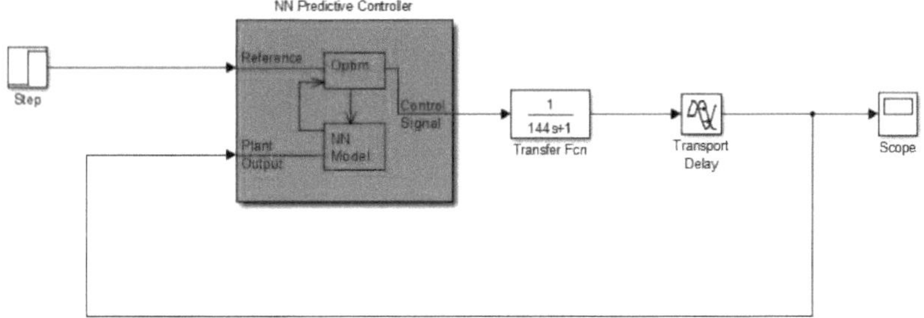

Figura 4.26:- Modelo de conceção da rede neuronal

Depois de aplicar a rede neural, a ultrapassagem do ponto de regulação da máquina de moldagem por injeção é reduzida para 0,27, de acordo com a figura 4.27. Quando se utiliza o controlador PID, o gráfico de ultrapassagem do ponto de regulação sobe para 1,6. Depois de aplicar a lógica difusa, o gráfico de ultrapassagem sobe para 1,0. Quando utilizamos o controlador PID fuzzy, o gráfico de ultrapassagem sobe para 0,7. Isto mostra que, ao fim de quanto tempo, a nossa máquina adquire estabilidade.

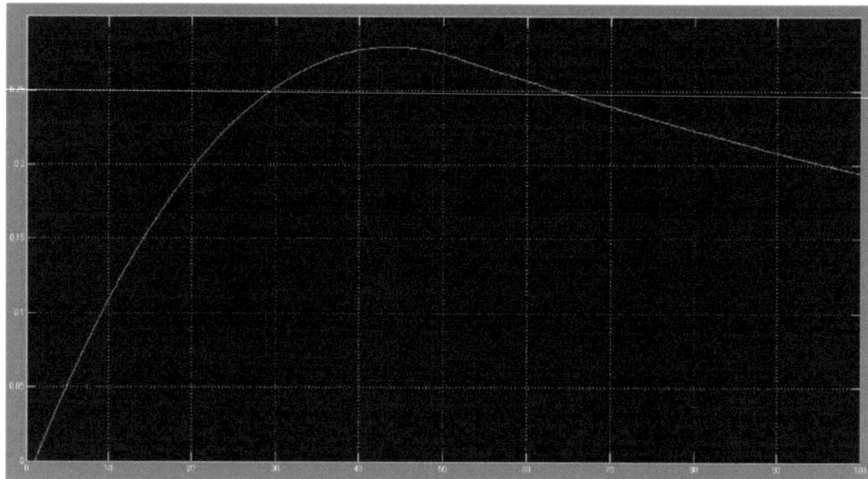

Figura 4.27:- Gráfico do ponto de regulação da rede neuronal

De acordo com a figura 4.27, os gráficos começam a partir do parâmetro de velocidade 4. À medida que a velocidade aumenta, o ponto de regulação aumenta. Se o sistema obtiver o ponto de regulação a uma velocidade mínima, é melhor para o sistema. Nas tecnologias anteriores, o ponto de regulação é obtido após uma velocidade elevada. Para o controlador PID, o ponto de regulação é obtido após uma velocidade de 400. A lógica difusa permite que o ponto de regulação se aproxime da velocidade de 90. De acordo com a lógica difusa do PID, o ponto de regulação está a chegar a 0,75, mas também está a chegar à velocidade de 90.

De acordo com a Rede Neural proposta, o ponto de ajuste do projeto está a atingir a velocidade de 40. O valor do ponto de ajuste está a chegar a 0,27. Isso significa que após 0,27 segundos a máquina fica em condições estáveis.

Capítulo 5
RESULTADOS

Como foi discutido nos capítulos anteriores, a rede neural é capaz de fornecer gráficos de ponto de regulação baixo para a máquina de moldagem por injeção. Resultados obtidos com a implementação da rede neuronal 1:- Ponto de regulação baixo

2:- Estabilidade da máquina em baixa velocidade e tempo

5.1 TEMPERATURA DO FORNO

A temperatura do forno é elevada para o controlador PID e baixa para a implementação da lógica difusa dupla, como se pode ver nas imagens 5.1 e 5.2.

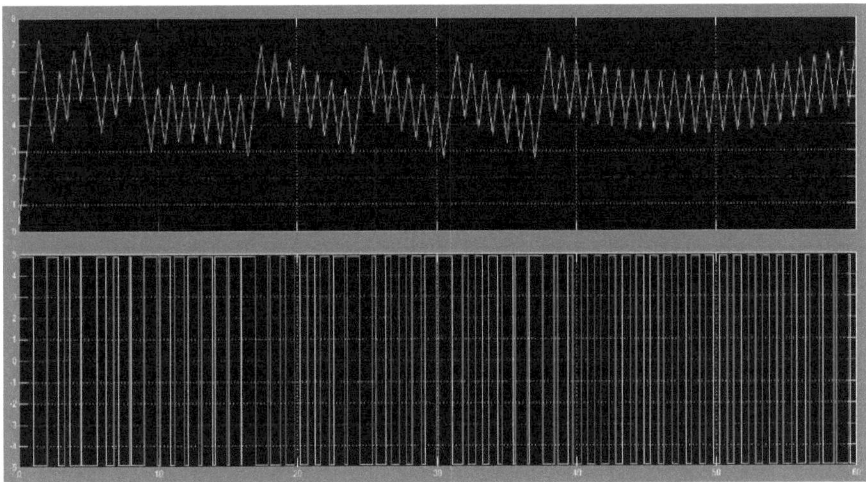

Figura 5.1:- Temperatura do forno para o controlador PID

De acordo com a figura 5.1, a temperatura do forno está a variar entre 6,8 e 3,2 graus. A tolerância é de 1,8 graus para a temperatura do forno.

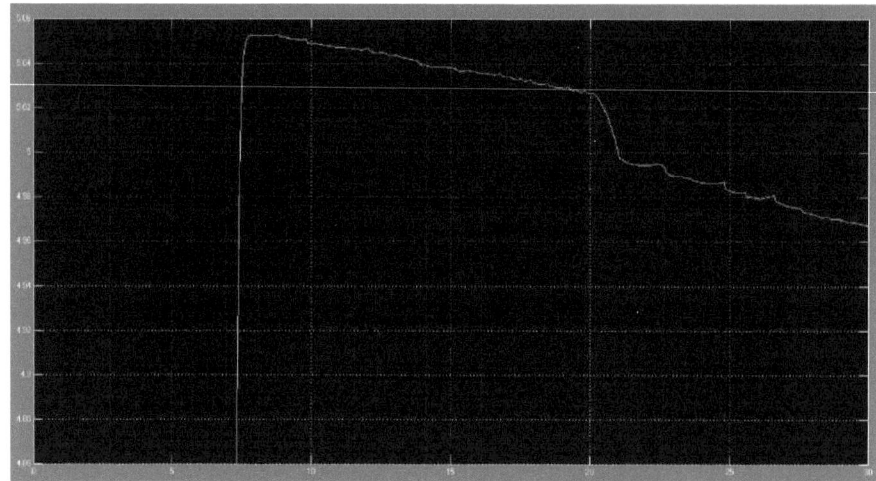

Figura 5.2 Temperaturas do forno para a lógica Fuzzy

De acordo com a lógica difusa, a tolerância é reduzida de 1,8 para 0,4. Na lógica difusa, a temperatura está a passar de 5,05 para 4,98. Assim, com a lógica difusa, a tolerância foi reduzida.

Technology	Tolerance / temperature range
PID controller	1.8 / [3.2 to 6.8]
Fuzzy logic	0.4 / [4.98 to 5.05]

Tabela 6:- Tolerância de saída da temperatura do forno

5.2 PONTO DE AJUSTE

De acordo com a imagem número 5.3, o ponto de regulação do controlador PID é de 1,5 e está a ficar estável após um longo período de tempo.

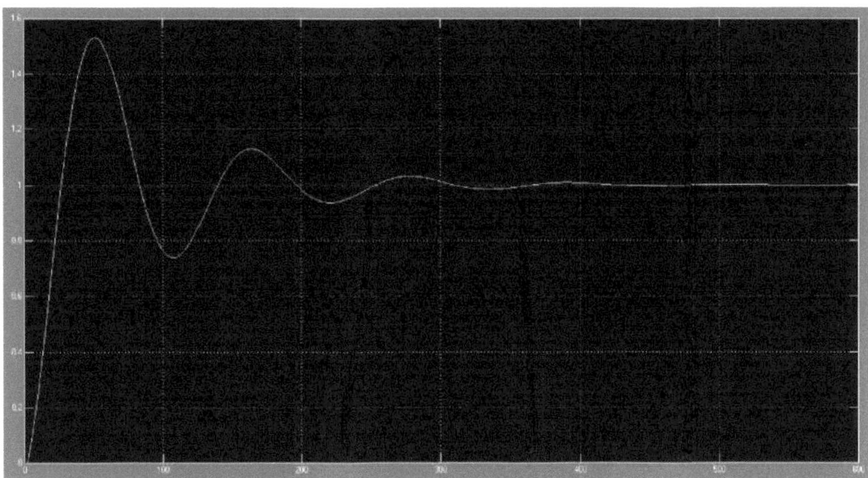

Figura 5.3:- Ponto de regulação do controlador PID

A lógica difusa é utilizada para reduzir o tempo de regulação da máquina de moldagem por injeção. De acordo com a imagem número 5.4, o ponto de ajuste é reduzido até 1,0.

Figura 5.4:- Ponto de regulação da lógica Fuzzy

Quando utilizarmos o PID e o fuzzy em conjunto, o ponto de regulação será reduzido até 0,75, de acordo com a imagem número 5.5.

Figura 5.5:- Ponto de regulação para a lógica PID e Fuzzy

Quando aplicamos a Rede Neuronal, o ponto de ajuste é de 0,27. É o valor mais baixo em comparação com todas as tecnologias aplicadas, de acordo com a tabela número 6.

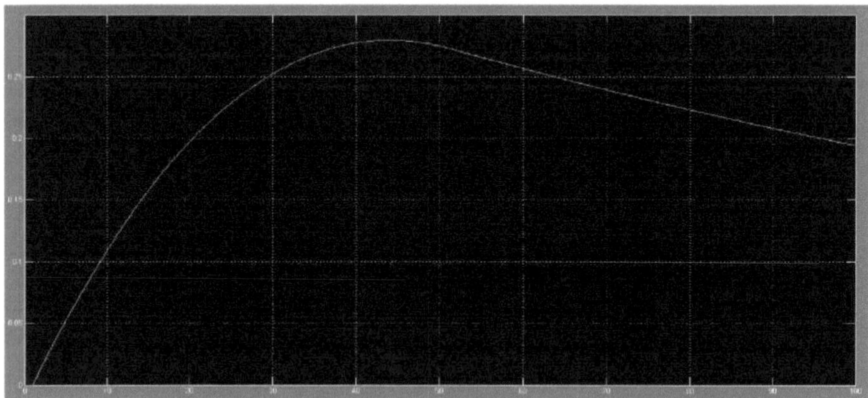

Figura 5.6: - Ponto de regulação após aplicação da rede neural

Technology	Setting point
PID controller	1.5
Fuzzy Logic	1.0
PID fuzzy	0.75
Neural Network	0.27

Tabela 6:- Tabela de comparação Resultados do ponto de ajuste

Capítulo 6

CONCLUSÃO

No início, a máquina de moldagem por injeção tem um ponto de regulação muito elevado. Após a aplicação da rede neural, a ultrapassagem do ponto de regulação foi de 0,75. O atributo combinado na máquina de moldagem operada pelo sistema de regulação PMSM é gerado com a abordagem do regulador Fuzzy-PID em relação ao mecanismo de controlo Fuzzy-PID feito em relação às caraterísticas existentes no estado de fusão e conversão sólida. Na verdade, a relação da área limitada do Simulink é o regulador PID baseado no sinal neural colocado em ação com a simulação do atual sistema regulador Fuzzy-PID. Normalmente, os resultados da simulação mostram que o atual sistema PID baseado em sinais neurais apresenta bons resultados em relação ao antigo sistema de regulação Fuzzy-PID. Neste trabalho aplicámos a Rede Neuronal para reduzir o tempo de regulação. Aplicámos a rede neural para reduzir o tempo de regulação. Com ela, reduzimos a ultrapassagem do ponto de regulação de 0,75 para 0,27. Isso mostra que o ponto de ajuste foi reduzido após a aplicação da rede neural. Os resultados mostram que a rede neuronal tem um tempo de regulação baixo e que a ultrapassagem é reduzida até 0,28.

REFERÊNCIAS

[1]   Ahang Pan-pan; XiePeng-cheng; Yang Wei-min, "Study on mold separation-based precision injection molding method," Mechanic Automation and Control Engineering (MACE), 2010 International Conference on , vol., no., pp.5257,5260, 26-28 de junho de 2010

[2]   Bhang Pan-pan; XiePeng-cheng; Yang Wei-min, "Study on mold separation-based precision injection molding method," Mechanic Automation and Control Engineering (MACE), 2010 International Conference on , vol., no., pp.5257,5260, 26-28 de junho de 2010

[3]   Cang-Chin Yang; Sheng-Jye Hwang; Huei-Huang Lee; Deng-Yuan Huang, "Controlo do módulo de moldagem por microinjecção do tipo canal quente", Sociedade de Eletrónica Industrial, 2007. IECON 2007. 33ª Conferência Anual do IEEE, vol., nº, pp.2928,2933, 5-8 Nov. 2007

[4]   Chee Khiang Pang; Cao Vinh Le, "Um sistema de apoio à decisão baseado em dados energéticos para um elevado desempenho em sistemas industriais de moldagem por injeção e estampagem", Control & Automation (ICCA), 11th IEEE International Conference on , vol., no., pp.1102,1107, 18-20 de junho de 2014

[5]   Fao-De Wang; Pei-Qi Chang; Yu-Fu Wu; Sheng-Jye Hwang; Deng-Yuan Hwang; Rong-Wei Cheng, "Design and fabrication of an all-electric tiebarless injection molding machine," Mechatronics, 2005. ICM '05. IEEE International Conference on , vol., nº, pp.783,787, 10

12 de julho de 2005

[6]   Han Siyun; ZouWeijun; Chen Jing; Jiang Xuejun, "Design on controller of plastic injectionmolding machine based on multi-CPU," Environmental Science and Information Application Technology (ESIAT), 2010 International Conference on , vol.1, no., pp.454,457, 17-18 de julho de 2010

[7]   Hhuang Chen; WuJun Lai, "Projeto de software do sistema de controlo da máquina de moldagem por injeção baseado em redes neuronais", Mechanic Automation and Control Engineering (MACE), 2011 Second International Conference on, vol., n.º, pp.1119,1122, 15-17 de julho de 2011

[8]   Jhong Han-ru; XuRui, "Um método para definir automaticamente a velocidade de graduação da injeção e a pressão da máquina de injeção", Informação e Automação, 2009.ICIA '09. International Conference on vol., no., pp.232,235, 22-24 de junho de 2009

[9]   Jawaha, S.; Ramamoorthy, P., "Dynamic optimization of injection molding process variables by evolutionary programming methods," Computer Communication and Informatics (ICCCI), 2012 International Conference on , vol., no., pp.1,6, 10-12 Jan. 2012

[10] Lhong Han-ru; XuRui, "Um método para definir automaticamente a velocidade de classificação da injeção e

pressão da máquina de injeção," Informação e Automação, 2009. ICIA '09. Internacional Conferência sobre , vol., n.º, pp.232,235, 22-24 de junho de 2009

[11] Li Zhang; Theurer, C.B.; Gao, R.X.; Kazmer, D.O., "Design of ultrasonic transmitters with

defined frequency characteristics for wireless pressure sensing in injection molding," Ultrasonics, Ferroelectrics, and Frequency Control, IEEE Transactions on , vol.52, no.8, pp.1360,1371, Aug. 2005

[12] Nwazaki, K.; Ohishi, K.; Yokokura, Y.; Kageyama, K.; Takatsu, M.; Urushihara, S., "Robust sensorless pressure control of electric injection molding machine using friction-free force observer," Advanced Motion Control (AMC),2014 IEEE 13th International Workshop on , vol., no., pp.43,48, 14-16 March 2014

[13] Purusawa, R.; Ohishi, K.; Kageyama, K.; Takatsu, M.; Urushihara, S., "Controlo da pressão sem sensor de força considerando o fenómeno de fricção sem revestimento para a máquina de moldagem por injeção eléctrica", Advanced Motion Control (AMC), 2012 12th IEEE International Workshop on , vol., no., pp.1,6, 25-27 de março de 2012

[14] Peen Lin; Ruey-Jing Lian, "Self-Organizing Fuzzy Controller for Gas-Assisted Injection Molding Combination Systems," Control Systems Technology, IEEE Transactions on , vol.18, no.6, pp.1413,1421, Nov. 2010

[15] Pfeffer, M.; Goth, C.; Craiovan, D.; Franke, J., "3D-Assembly of Molded Interconnect Devices with standard SMD pick & place machines using an active multi axis workpiece carrier," Assembly and Manufacturing (ISAM), 2011 IEEE International Symposium on , vol., no., pp.1,6, 25-27 de maio de 2011

[16] Praher, Bernhard; Straka, Klaus; Steinbichler, Georg, "Medições de reflexão não invasivas baseadas em ultra-sons em unidades de plastificação de polímeros: Medição da temperatura de fusão, comportamento de fusão e desgaste do parafuso", Sensores e sistemas de medição 2014; 17. Simpósio ITG/GMA; Actas de , vol., n.º, pp.1,6, 3-4 de junho de 2014

[17] Qhba, Y.; Ohishi, K.; Katsura, S.; Yoshizawa, Y.; Kageyama, K.; Majima, K., "Sensor- less force control for injection molding machine using reaction torque observer," Industrial Technology, 2008. ICIT 2008. Conferência Internacional IEEE sobre , vol., n.º, pp.1,6, 21-24 de abril de 2008

[18] Qichaeli, W.; Hessner, Sebastian; Klaiber, Fritz, "Analysis of different compressionmolding techniques regarding the quality of optical lenses," Journal of Vacuum Science & Technology B: Microelectronics and Nanometer Structures , vol.27, no.3, pp.1442,1444, maio de 2009

[19] Rkasaka, N., "A synchronous position control method at pressure control between multi- AC servomotors driven in injection molding machine," SICE 2003 Annual Conference , vol.3, no., pp.2712,2719 Vol.3, 4-6 Aug. 2003

[20] Raktham, T.; Piromsopa, K., "Development of workload models for CNC machines from 3 - Phase current consumption using ensemble method," System Science, Engineering Design and Manufacturing Informatization (ICSEM), 2011 International Conference on , vol.1, no., pp.102,105, 22-23 Oct. 2011

[21] Sazaki, K.; Ohishi, K.; Yokokura, Y.; Kageyama, K.; Takatsu, M.; Urushihara, S., "Controlo robusto da pressão da máquina de moldagem por injeção eléctrica utilizando um observador de força de reação de comutação automática de parâmetros", Industrial Electronics Society, IECON 2013 - 39th Annual Conference of the IEEE , vol., no., pp.6557,6562, 10-13 Nov. 2013

[22] Tkiyoshi, H.; Hiraki, E.; Tanaka, T.; Okamoto, M.; Matsuo, T.; Ochi, K., "Peak Power Shaving of an Electric Injection Molding Machine With Supercapacitors," Industry Applications, IEEE Transactions on , vol.50, no.2, pp.1114,1120, março-abril 2014

[23] Tellaeche, A.; Arana, R., "Machine learning algorithms for quality control in plastic molding industry," Emerging Technologies & Factory Automation (ETFA), 2013 IEEE 18th Conference on , vol., no., pp.1,4, 10-13 Sept. 2013

Printed by Books on Demand GmbH, Norderstedt / Germany